畜禽健康高效养殖环境手册

丛书主编：张宏福　林　海

鹅健康高效养殖

施振旦◎主编

中国农业出版社
北　京

内容简介

本书介绍了国内外鹅生产的设施设备与养殖环境控制技术的最新研发和应用成果，重点阐述了满足鹅生物学特点所需的舍内养殖环境控制技术及参数，为鹅的舍内离水旱养、全季节均衡生产、种蛋高性能孵化、重要疾病防控及福利养殖等方面给予实用的技术指导和支撑。本书内容编写体现了“新颖性、针对性和实用性”等特点，语言简练、通俗易懂，图文并茂结合视频播放，不仅介绍各设施设备及技术的功能特点，还列举了系列提高养鹅经济效益的技术应用案例，使读者全面了解掌握鹅产业发展的最新技术成果，为支撑鹅产业从传统副业生产和水面养殖向规模化、集约化和现代化转型升级而服务。

丛书编委会

施振旦（江苏省农业科学院畜牧兽医研究所）
谢　明（中国农业科学院北京畜牧兽医研究所）
杨承剑（广西壮族自治区水牛研究所）
黄运茂（仲恺农业工程学院）
臧建军（中国农业大学）
孙小琴（西北农林科技大学）
顾宪红（中国农业科学院北京畜牧兽医研究所）
江中良（西北农林科技大学）
赵茹茜（南京农业大学）
张永亮（华南农业大学）
吴　信（中国科学院亚热带农业生态研究所）
郭振东（军事科学院军事医学研究院军事兽医研究所）

本书编写人员

主　　编：施振旦（江苏省农业科学院畜牧研究所）

副 主 编：郭彬彬（江苏省农业科学院畜牧研究所）

程金花（江苏省农业科学院畜牧研究所）

参　　编：戴子淳（江苏省农业科学院畜牧研究所）

奚雨萌（江苏省农业科学院畜牧研究所）

朱欢喜（江苏省农业科学院畜牧研究所）

孙爱东（江苏省农业科学院农产品质量安全与营养研究所）

序一

畜牧业是关系国计民生的农业支柱产业，2020 年我国畜牧业产值达 4.02 万亿元，畜牧业产业链从业人员达 2 亿人。但我国现代畜牧业发展历程短，人畜争粮矛盾突出，基础投入不足，面临“养殖效益低下、疫病问题突出、环境污染严重、设施设备落后”4 大亟需解决的产业重大问题。畜牧业现代化是农业现代化的重要标志，也是满足人民美好生活不断增长的对动物性食品质和量需求的必由之路，更是实现乡村振兴的重大使命。

为此，“十三五”国家重点研发计划组织实施了“畜禽重大疫病防控与高效安全养殖综合技术研发”重点专项（以下简称“专项”），以畜禽养殖业“安全、环保、高效”为目标，面向“全封闭、自动化、智能化、信息化”发展方向，聚焦畜禽重大疫病防控、养殖废弃物无害化处理与资源化利用、养殖设施设备研发 3 大领域，贯通基础研究、共性关键技术研究、集成示范科技创新全链条、一体化设计布局项目，研究突破一批重大基础理论，攻克一批关键核心技术，示范、推广一批养殖提质增效新技术、新方法、新模式，推进我国畜禽养殖产业转型升级与高质量发展。

养殖环境是畜禽健康高效生长、生产最直接的要素，也是“全封闭、自动化、智能化、信息化”集约生产的基础条件，但却是长期以来我国畜牧业科学研究与技术发展中未予充分重视的短板。为此，“专项”于2016年首批启动的5个基础前沿类项目中安排了“养殖环境对畜禽健康的影响机制研究”项目。旨在研究揭示畜禽舍温热、有害气体、光照、群体密度、空气颗粒物气溶胶5类主要环境因子及其对畜禽生长、发育、繁殖、泌乳、健康影响的生物学机制，提出10种主要畜禽高密度养殖环境参数及其多元化控制模型，为我国不同气候生态区安全、高效养殖畜禽舍建设、环境控制提供依据，支撑“全封闭、自动化、智能化、信息化”养殖方式发展重大需求。

以张宏福研究员为首席科学家，由36个单位、94名骨干专家组成的项目团队，历时5年“三严三实”攻坚克难，取得了一批基础理论研究成果，发表了多篇有重要影响力的高水平论文，出版的《畜禽环境生物学》专著填补了国内外在该领域的空白，出版的“畜禽健康高效养殖环境手册”丛书是本专项基础前沿理论研究面向解决产业重大问题、支撑产业技术创新的重要成果。该丛书包括：猪、奶牛、肉牛、水牛、肉羊（绵羊、山羊）、蛋鸡、肉鸡、肉鸭、蛋鸭、鹅共11种畜禽的10个分册。各分册针对具体畜种阐述了现代化养殖模式下主要环境因子及其特点，提出了各环境因子的控制要求和标准；同时，图文并茂、视频配套地提供了先进的典型生产案例，以增强图书的可读性和实用性，可直接用于指导“全封闭、自动化、智能化、信息化”养殖场舍建设和环境控制，是畜牧业转型升级、高质量发展所急需的工具书，填补了国内外在畜禽健康养殖领域环境控制图书方面的空白。

“十三五”国家重点研发计划“养殖环境对畜禽健康的影响机制研究”项目聚焦“四个面向”，凝聚一批科研骨干，带动畜禽环境科学研究，是专项重要的亮点成果。但养殖场舍环境因子的形成和演变非常复杂，养殖舍环境因子对畜禽生产、健康乃至疫病防控的影响至关重要，多因子耦合优化调控还需要解决一系列技术经济工程难题，环境科学也需要“理论—实践—理论”的不断演进、螺旋式上升发展。因此，希望国家相关科技计划能进一步关注、支持该领域的持续研究，也希望项目团队能锲而不舍，抓住畜禽健康养殖和重大疫病防控“环境”这个“牛鼻子”继续攻坚，为我国畜牧业的高质量发展做出更大贡献。

陈焕春

2021 年 8 月

序二

畜牧业是关系国计民生的重要产业，其产值比重反映了一个国家农业现代化的水平。改革开放以来，我国肉蛋奶产量快速增长，畜牧业从农村副业迅速成长为农业主导产业。2020 年我国肉类总产量 7 639 万 t，居世界第一；牛奶总产量 3 440 万 t，居世界第三；禽蛋产量 3 468 万 t，是第二位美国的 5 倍多。但我国现代畜牧业发展时间短、科技储备和投入不足，与发达国家相比，面临养殖设施和工艺水平落后、生产效率低、疫病发生率高、兽药疫苗用量较多等影响提质增效的重大问题。

养殖环境是畜禽生命活动最直接的要素，是畜禽健康高效生产的前置条件，也是我国畜牧业高质量发展的短板。2020 年 9 月国务院印发的《关于促进畜牧业高质量发展的意见》中要求，加快构建现代养殖体系，制定主要畜禽品种规模化养殖设施装备配套技术规范，推进养殖工艺与设施装备的集成配套。

养殖环境是指存在于畜禽周围的可以直接或间接影响畜禽的自然与社会因素的集合，包括温热、有害气体、光、噪声、微生物等物理、化学、生物、群体社会诸多因子，以及复杂的动态变化和各因子间互作。同时，养殖业高质量发展对环境的要求也越来越高。因此，畜禽健康高效养殖环境诸因子的优化耦合控制不仅是重大的生产实践难题，也是深邃的科学研究难题，需要实践—理论—实践的螺旋式发展，不断积累丰富、不断提升完善。

“十三五”国家重点研发计划“畜禽重大疫病防控与高效安全养殖综合技术研发”专项将“养殖环境对畜禽健康的影响机制研究”列入基础前沿类项目（项目编号：2016YFD0500500），并于2016年首批启动。旨在研究揭示畜禽舍温热、有害气体、光照、群体密度、空气颗粒物气溶胶5类主要环境因子，以及影响畜禽生长、发育、繁殖、泌乳、健康的生物学机制，提出11种主要畜禽高密度养殖环境参数及其多元化控制模型，为我国不同气候生态区安全、高效养殖畜禽舍建设、环境控制提供依据，支撑“全封闭、自动化、智能化、信息化”现代养殖方式发展的重大需求。项目组联合全国36个单位、94名专家协同攻关，历时5年，取得了一批重要理论和专利成果，发表了一批高水平论文，出版了《畜禽环境生物学》专著，制定了一批标准，研发了一批新技术产品，对畜牧业科技回归“以养为本”的创新方向起到了重要的引领作用。

“畜禽健康高效养殖环境手册”丛书是在“养殖环境对畜禽健康的影响机制研究”项目各课题系统总结本项目基础理论研究成果，梳理国内外科学研究积累、生产实践经验的基础上形成的，是本项目研究的重要成果。丛书的出版，既体现了重点研发专项一体化设计、总体思路实施，也反映了基础前沿研究聚焦解决产业重大问题、支撑产业创新发展宗旨。丛书共 10 个分册，内容涉及猪、奶牛、肉牛、水牛、肉羊（绵羊、山羊)、蛋鸡、肉鸡、肉鸭、蛋鸭、鹅共 11 种畜禽。各分册针对某一畜禽论述了现代化养殖模式、主要环境因子及其特点，提出了各环境因子的控制要求和标准，力求“创新性、先进性”，希望为现代畜牧业的高质量发展提供参考。同时，图文并茂、视频配套的写作方式及先进的典型生产案例介绍，增加了丛书的可读性和实用性。但不同畜禽高密度养殖的生产模式、技术方向迥异，特别是肉牛、肉羊、奶牛、鹅等畜种不适宜全封闭养殖。因此，不同分册的体例、内容设置需要考虑不同畜禽的生产养殖实际，无法做到整齐划一。

丛书出版是全体编著人员通力协作的成果，并得到了华沃德源环境技术（济南）有限公司和北京库蓝科技有限公司的友情资助，在此一并表示感谢！

尽管丛书凝聚了各编著者的心血，但编写水平有限，书中难免有错漏之处，敬请广大读者批评指正。

我们期望丛书的出版能为我国畜禽健康高效养殖发展有所裨益。

丛书编委会

2021年春

前言

我国是世界养鹅产业最大的国家，全年出栏商品肉鹅总量超过6亿只，占全世界生产总量的95%左右。鹅属于草食性禽类，在缺乏谷物饲料的条件下能以野草为生，从而为人类提供肉食。养鹅业在我国具有悠久的历史，据考古学研究，华夏先民早在六千年前就已经开始驯化养鹅。到春秋时期，中原的养鹅及消费已记载于较多文献中。汉朝的疱厨图显示宰杀大鹅的场景，反映出鹅是普遍消费的家禽。中原先民“永嘉南渡”时将鹅等六畜携带传播至江南地区，如琅琊王曦之在会稽筑鹅池养鹅。南迁的客家人将鹅带到了赣南至广东等地，如江西兴国县记载有从东晋即开始养鹅的历史。至明朝时，江南军民在开发西南的过程中，又将江南的雁鹅带至贵州的平坝县，推动了平坝县鹅生产的发展和消费风俗。南方气候温暖、饲草充足，适合草食性鹅的生长，同时，鹅因体型大、生长快，在放牧条件下能够快速生产出味美的鹅肉，因此使客家人形成了养鹅的习惯和“无鹅不像年”的饮食文化，拉动了养鹅业的蓬勃发展。

除了以上特定区域和特定社群热衷的鹅生产和消费外，鹅一直没有像其他家禽那样作为重点产业进行开发利用，鹅商业化生产仅占整个家禽产业中的一小部分。一方面是由于传统的养鹅都属于小规模家庭副业生产，以放牧为主，主要采食农田杂草，同时因其生产、繁殖呈现高度的季节性，因而较难形成专业化生产及可持续发展的能力。另一方面，鹅的生物学特点决定了其对生活所处的环境要求较高。如鹅由于天性敏感而易紧张、躁动，需要较大的自由活动空间，鹅对大肠杆菌等细菌及内毒素较易感等。这些因素决定了养鹅场所需要较大的空间、保持较高的清洁卫生等环境条件，从而大大提高了养鹅的经济成本，这在传统的小农经济及副业生产中是无法实现的，因此也制约了养鹅业的规模化集约化发展。

改革开放以来，我国畜牧科技水平实现了跨越式的发展。家禽生产技术研发水平在遗传学、生理学、微生物学及信息学等学科的发展下与日俱进，为养鹅产业解决关键问题和瓶颈制约提供了强大的科技支撑。

近年来，我们在国家“十三五”重点研发计划科研项目和其他科研项目的资助下，重点研发了制约养鹅业现代化发展的生产环境质量控制、种鹅全季节均衡生产、商品肉鹅全舍内离水养殖等领域的关键技术。这些新技术涉及合理规划鹅场、建造良好的鹅舍、选用合适的设施设备、遴选科学的环境控制工艺，从而为鹅的生产提供良好的环境条件，满足鹅的福利和防疫要求，促进鹅只健康并提高其生产性能、提高鹅产品的安全性和经济价值。我们将这些工作汇编成册，供产业同仁参考应用，目的是实现我国养鹅生产的标准化、机械化、自动化发展，提高劳动生产效率，提高养鹅生产的经济效益和可持续发展能力。

本书编写过程中，除总结了本团队研究推广的产业技术外，还引用了国内外部分专家学者的实践应用技术，并尽可能在参考文献中注明。鉴于时间仓促，编写人员水平有限，书中不足及纰漏之处在所难免，敬请行业同仁和读者朋友批评指正。

编者

2020年12月

目录

第一章
鹅场建设

鹅对所处的生存环境要求较高，主要表现在对养殖场空间和环境质量的要求上。例如，鹅由于天生敏感而易紧张、躁动，需要较大的自由活动空间；另外，鹅对大肠杆菌等细菌及内毒素较为易感。这就需要通过合理规划鹅场、建造良好鹅舍、应用合适的设施设备，以及发挥良好的环境控制工艺得以实现。只有在满足鹅福利和防疫需要的基础上，方能保持鹅只健康并提高其生产性能，减少各种疫病造成的损失，提高鹅产品的安全性和经济价值，同时实现养鹅生产的标准化、机械化、自动化。

第一节　鹅场选址与场内规划布局

养鹅企业或单位需要根据鹅场自身的生产目标、养殖经验和经济条件，以及当地的自然和社会环境进行综合考虑，做到科学选址并进行合理规划，以满足鹅场长远生产的经营目标。鹅场选址和场内规划合理与否，直接影响养鹅生产过程操作的难易度、鹅群健康、鹅只生产性能及最终的经济收益。选址过程中一般要考虑以下几方面。

一、选址依据

鹅场选址应充分利用自然的地形、地物，如树林、河流等作为场界的天然屏障，同时应遵循国家相关的法律、法规和标准，具体包括《中华人民共和国动物防疫法》《中华人民共和国畜牧法》《畜禽场环境质量标准》（NY/T 388—1999）、《农产品安全质量无公害畜禽产地环境要求》（GB 18407.3—2001）、《大气污染物综合排放标准》（GB 16297—2017）等，避免鹅场废弃物对外界环境的污染；同时选址也要保证养鹅场不受自然灾害、外界工业污染、人员车辆流动等的干扰影响。

二、场地具体要求

养鹅场选址必须回避居民区或邻近区域、工业发展区、水资源保护区、旅游区、自然保护区等地。从方便生产和防疫工作出发，鹅场选址还需要考虑空间隔离条件、水源供应、土质、交通状况、电力能源供应等条件。

1. 养鹅场空间位置 养鹅场应建立在空旷且隔离条件良好的区域，鹅场周围 3 km 内应无大型化工厂、矿场，2 km 内应无屠宰场、肉品加工厂、动物医院和其他畜牧场等污染源，距离干线公路、铁路、学校、医院、乡镇居民区等至少 1 km 以上，并且应位于居民区及公共建筑群常年主导风向的下风向处，避免养殖场对城市环境的影响。建于农村的养鹅场，其与村庄和居民点的距离至少要保持在 500 m，与其他畜禽场之间也应该保持科学的空间距离，以提高养殖场的生物安全性，防止疫病的集中暴发。

2. 水源供应条件 鹅具有喜水的习性，水源对鹅的福利、健康和生产性能具有重要影响，鹅场应选在有稳定、可靠水源供应之地，水质和水量均应有保证。南方水源充足，鹅场可以依靠独立的鱼塘、水库等天然水源建设，但不宜建在公共流动水体之上，以免鹅的粪便污染河水，或由河水流动而造成疫病的相互传播。供鹅只洗浴、交配等活动的鱼塘和水库等水体，需要尽量宽阔，水深应在1～2m，方能确保水体的清洁卫生，不危害鹅只健康。北方水源较少，可以通过修建人工水池结合从河流或机井取水，提供鹅只活动所需水源。因此，鹅场选择水源必须满足以下原则：

（1）水量充足　水源水量能满足场内人员生活用水、鹅饮用和饲养管理用水以及牧草灌溉需要。特别应注意，在枯水期时该水源的水量也能够满足要求。

（2）水质良好　对鹅饮用和饲料调制水来说，若水源的水质不经处理就能符合饮用水标准最为理想。但除了以集中式供水（如当地城镇自来水）作为水源外，一般就地选择的水源必须经过净化消毒，达到《无公害食品 畜禽饮用水水质》（NY 5027—2008）（表1-1）标准后才能使用。

（3）便于防护　水源周围应保持良好的环境卫生条件，以保证水源水质经常处于良好状态。以地面水作水源时，取水点应设在工矿企业和城镇的上游，远离其他养殖场所和动物废弃物处理场。

（4）取用方便，设备投资少，处理技术简便易行，经济合理

鹅场就地自行选用的水源一般有三大类：

①地面水　一般包括江、河、湖、塘及水库等所容纳收集的水。

②地下水　由降水和地面水经过地层的渗滤作用贮积而成。

③自来水　指通过自来水处理厂净化、消毒后生产出来的符合相应标准的供人们生活、生产使用的水。

表 1-1　畜禽饮用水水质安全指标

项　目	标准值
色	≤ 30°
浑浊度	≤ 20°
臭和味	不得有异臭、异味
总硬度（以 $CaCO_3$ 计，mg/L）	≤ 1 500
pH	6.5～8.5
溶解性总固体（mg/L）	≤ 2 000
硫酸盐（以 SO_4^{2-} 计，mg/L）	≤ 250
总大肠菌群（MPN，以 100mL 计）	10
氟化物（以 F^- 计，mg/L）	≤ 2.0
氰化物（mg/L）	≤ 0.05
砷（mg/L）	≤ 0.20
汞（mg/L）	≤ 0.001
铅（mg/L）	≤ 0.01
铬（六价）（mg/L）	≤ 0.05
镉（mg/L）	≤ 0.01
硝酸盐（以 N 计，mg/L）	≤ 3.0

资料来源：《无公害食品 畜禽饮用水水质》（NY 2057—2008）。

3. 土质　鹅场的土壤，应具备洁净卫生（表 1-2）、透气性强、毛细管作用弱、吸湿性和导热性小、质地均匀、抗压性强等特点，以砂质土壤最适合，便于雨水迅速下渗。越是贫瘠的砂性土地，土地渗水性越强，越适于建造鹅舍。如果找不到贫瘠的砂土地，至少要找排水良好、暴雨后不会积水的土地，保证在多雨季节不会变得潮湿和泥泞，有利于保持鹅场和鹅舍干燥。

表 1-2　土壤的生物学指标

污染情况	每千克土中的寄生虫卵数（个）	每千克土中的细菌总数（万个）	每克土中的大肠杆菌数（个）
清洁	0	1	1 000
轻度污染	1～10	—	—
中等污染	10～100	10	50
严重污染	>100	100	1～2

注：清洁和轻度污染的土壤适宜选做场址。

4. 交通 良好的交通运输条件是保证鹅场正常生产需要、高效顺畅地输送原料和输出产品的重要支撑，而鹅场正常生产又需要保持良好的生物安全性，避免鹅只受到外界不良因素的干扰应激，因此，一般的准则是将鹅场选建在距离交通干线一般 1 km 左右的位置，通过修建通向交通干线的专用道路，使鹅场具备良好的交通运输条件。

5. 电力 现代化养鹅更加注重机械化、自动化生产，鹅场正常生产中的照明和光照控制、通风降温、孵化、污水处理等都需要不间断的电力供应。因此，鹅场应选择电力条件较好的区域，不仅能够保障电力供应，还可以节约输电线路的建设开支，降低电力的线路损耗。对于种鹅场，特别是其孵化厂，还应当考虑采用双路供电或自备发电设备，以便输电线路发生故障或停电检修时能够保证正常供电。

6. 防疫 卫生防疫条件是鹅场经营成败的关键决定因素，在鹅场选址中应得到高度重视。当前的养鹅舍往往是敞开式的，其内部环境条件容易受到外部因素影响，因此，所选场址要远离其他畜牧场、兽医院、屠宰场、化粪池等可能的疫源。

7. 地势 鹅场要有稍高地势，鹅舍至水上运动场处要倾斜至少5°～10°，以利排水。鹅舍要建在水源的阳面，在水上运动场的北面，使鹅舍大门面对水面向南开放，这种朝向的鹅舍冬暖夏凉，有利于运动场和鹅舍内部保持干燥通风，杀灭病原，提高鹅只健康和生产性能。

8. 排污 鹅只采食量较大，所产生粪便量也较多，需要建造专门的粪污处理设施；现代化的鹅场宜采用干清粪工艺，并建立排水系统，实行雨污分流。鹅场水池的污水以及鹅场清洗污水，需要经过污水处理池发酵处理，或者与鹅粪混合经过沼气池发酵分解处理，达到环保排放要求后方能外排。鹅场固体粪建议采用好氧堆肥技术进行无害化处理，堆肥场建有粪便贮存池、发酵堆肥条垛及成品肥存放堆，都需要用塑料膜或其他防雨淋设施覆盖。

三、鹅场布局

现代化的鹅场一般包含场前区、生产区和隔离区三大部分。从人禽保健的角度出发，场前区应设在全场的上风向和地势较高处；生产区位于全场的中心地带，应设在场前区的下风向或平行风向，而且要位于隔离区的上风向；隔离区应位于全场的下风向和地势最低处，与鹅舍要保持一定的间距。不同的分区之间应设隔离屏障或隔离带。图 1-1 为一个现代化、规模化的鹅场各功能区的整体布局。

1. 场前区 场前区又可以分为员工生活区（包括宿舍和食堂）和办公区，是鹅场经营管理和对外联系的场区，一般设在与外界联系最方便的鹅场大门处。鹅场大门处应设车辆消毒池，阻断场外车辆和人员进出对场内可能造成的疾病传播。在办公区还应建造专门的消毒、洗澡更衣室，以方便员工和外来业务人员进出鹅场生产区时消毒更衣，防止病原传入鹅场生产区。此外，车棚、车库均应设在管理区。

2. 生产区 生产区是鹅场的核心区域，按生产功能又可分为鹅舍区、饲料仓库区和贮蛋孵化区。除大型鹅场能够在场外独立安排建造贮蛋孵化区外，一般鹅场的贮蛋孵化区都安排在鹅场出口处，应远离鹅舍，阻断可能造成的病原污染，同时也方便鹅苗销售并减少车辆进出对鹅场内部的影响。饲料仓库区应接近鹅舍，以方便饲料调制后迅速运输至各鹅舍进行饲喂。

大型鹅场可以根据所饲养鹅群的日龄结构和生产目的，将鹅舍区分为育雏鹅舍、育成鹅舍和种鹅生产舍，或者划分为不同的分场。分场之间应有一定的防疫距离，并种植树木形成隔离带。

无论是大型的种鹅场还是商品肉鹅场，为保证防疫安全，生产区鹅舍的布局根据主风方向与地势，应当按下列顺序配置，即：育雏舍、中雏舍、后备鹅舍、成年鹅舍，亦即育雏舍在上风向，成年鹅舍在下风向；育雏舍与成年鹅舍应有一定距离，最好另设分场专养雏

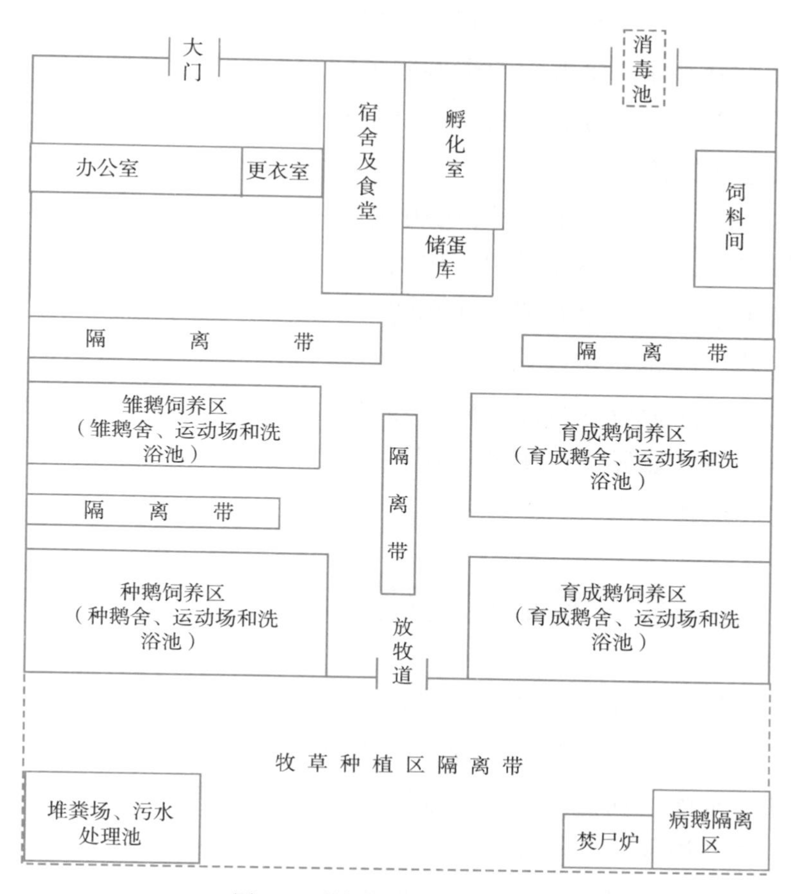

图 1-1　鹅场各功能区整体布局

鹅，这样能使雏鹅生活于新鲜、无污染的空气环境中，避免来自成年鹅舍的污浊空气及病原，提高雏鹅健康水平，促进其生长发育。

为满足日照、温度和通风的要求，鹅舍的朝向应根据当地的地理位置、气候环境来确定。南方地区从防暑考虑，鹅舍以南向向东偏转 15°～30°为宜；北方地区南向鹅舍朝向偏转自由度可大些。鹅舍之间必须要有足够的间距。传统的鹅舍因为需要设置水陆运动场，因此可以保证鹅舍间的合理间距；而完全舍饲的鹅舍间距大小应考虑日照、通风、防疫、防火和节约用地等因素。一般情况下，完全舍饲鹅舍间距为鹅舍高度的 3～5 倍时，可以满足日照、通风、

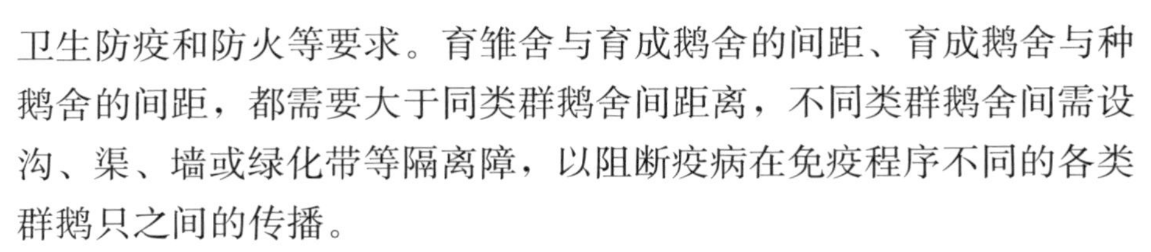

卫生防疫和防火等要求。育雏舍与育成鹅舍的间距、育成鹅舍与种鹅舍的间距，都需要大于同类群鹅舍间距离，不同类群鹅舍间需设沟、渠、墙或绿化带等隔离障，以阻断疫病在免疫程序不同的各类群鹅只之间的传播。

3. 隔离区 隔离区是鹅场病死鹅、粪便、污水等污物集中之处，是卫生防疫和环境保护工作的重点，该区与其他两区的卫生间距应不小于50m，而处理病死鹅的尸坑或焚尸炉等设施，则应距鹅舍更远处，达300～500m。

病鹅隔离舍应尽可能与外界隔绝，且其四周应有天然的或人工的隔离屏障（如界沟、围墙、栅栏或浓密的乔灌木混合林等），并设单独的通道与出入口。

第二节　种鹅场的建设及环境控制布局

种鹅场建设应该综合考虑养殖规模、地理环境、社会环境、经济水平等多个因素，视情况建造。南方地区水资源丰富，农户喜欢在池塘、水库、河流地区建造鹅场，并采用“鹅-鱼”综合经营的生态化养殖模式。“鹅-鱼”综合养殖模式下，鹅在水面嬉戏玩耍，导致水花四溅，可称为全自动的节能高效增氧机，有效提高水体溶解氧含量、降低水体有害菌；同时，鹅是草食性禽类，其粪便进入水中，可为鱼提供优质饵料，也是水体中许多浮游生物的肥料，起到肥水、节省饲料成本的作用；而水生浮游生物和鱼具有净化水体的作用，为养鹅提供了清洁的环境。同等条件下，“鹅-鱼”综合养殖模式比鹅、鱼单养能提高30％的经济收益。典型的“鹅-鱼”综合养殖种鹅场布局见图1-2。北方水资源比较紧张，出于环保的压力，很少能够利用现成的水面开展养殖，通常选建在远离居民生活区、地势稍高的山地，或经农用地改建而来，一般建成现代化的集约式种鹅场。典型的北方现代化种鹅场布局见图1-3。无论哪种类型的种鹅场，其基本建设都类似。根据鹅场总布局，通常包括种鹅舍、运动场、粪污处理区、病鹅隔离区、孵化厅及其他配套设施设备，如办公室、员工食 堂和宿舍、饲料间及必需的装置、工具、车辆等。

图 1-2 南方“鹅-鱼”综合养殖种鹅场布局

注：在宽阔的鱼塘边上左右分别建种鹅舍，运动场上建有遮阳凉棚并种植了树木。水面上围出足够的水上活动区，以降低单位水面载鹅密度、水体有害菌和细菌内毒素浓度。水面中央的增氧机具有降低有害菌、净化水体的功能。

图 1-3 北方现代化种鹅场布局

注：右侧从道路入口往内依次为孵化厅、场部（包括办公室、宿舍、食堂）、育雏舍、后备鹅舍。左侧主要有 6 栋种鹅舍、饲料车间和员工宿舍。虽然鹅场建于大河边缘（右下方），其布局为围绕正上方的莲藕水田而建，以利用莲藕水田低成本处理鹅场废水。正下方大片区域种植牧草，为鹅只提供青粗饲料。

一、种鹅舍

（一）不同类型种鹅舍环境控制总则

种鹅舍建设总体原则是冬暖夏凉、空旷明亮、空气流通、干燥防潮、经济耐用。从环境调控方面，种鹅舍主要分为三类。传统种鹅舍一般为简易的敞开式鹅棚，仅起到挡雨、防晒的作用；也有利用闲置旧房改造而来的简易鹅舍，能在寒冷的冬天起到保暖作用。为保证全年均衡养鹅生产而开展的种鹅反季节繁殖工作，需要建造提供人工光照同时能屏蔽外界阳光的光控种鹅舍，舍内安装暖白色节能灯或LED灯，用于补光，遮光则通过卷帘或卷闸门实现。此种鹅舍同时具备通风装置，但是无法在炎热的夏季防控热应激。现代化环控种鹅舍，包括高档房舍式及简易大棚式，在实现光控的基础上，通过风机-湿帘实现有效防暑降温，能确保鹅夏季维持较高且稳定的产蛋性能及种蛋受精率。

鹅舍之间的距离影响鹅舍的通风、采光、卫生及防火等。距离过小，场区的空气环境差，舍内微粒、有害气体和微生物含量过高，增加病原含量和传播机会，更容易引起鹅群发病。为了保持场区和鹅舍环境卫生适宜，鹅舍之间应保持15～20m的距离，中间种植树木作为隔离带。

（二）种鹅舍内环境控制布局

1. 湿度控制设施及布局　舍内湿度的控制主要通过通风实现，通风方式分自然通风和机械通风两种。传统简易敞开式鹅棚，一直处于自然通风模式；光控和现代环控种鹅舍，在不进行光照处理的阶段，收起卷帘即可实现自然通风。自然通风可以降低舍内湿度，对舍内进行通风换气，降低二氧化碳、氨气等有害气体浓度，确保鹅只健康。机械通风通常在鹅舍全封闭的情况下进行，通过负压风机或排风扇实现，排风扇通常安装在舍顶，负压风机安装在山墙上；地面平养的鹅舍，风机离地面距离 20cm 左右，而对于高床架养的鹅舍，风机底部与高床平齐。机械通风，最大设计通风量为夏季通风量，以排出舍内多余热量为基础；最小设计通风量为冬季通风量，以排出舍内有害气体和多余湿气为基础。最大通风量所需风机数量的计算方法有热平衡法和设定风速法两种，最小通过风量计算有湿气平衡法和二氧化碳浓度法两种。以一栋长 50m、宽 12m、平均高度 4m 左右的鹅舍、养殖规模 1 000 只为例，其通风要求和技术参数见表 1-3。

表 1-3　种鹅舍湿度控制要求及参数

有害气体浓度（mg/m³）		通风参数				
		风机型号（吋）	风机数量（台）		气流速度（m/s）	
二氧化碳	氨气		夏季	冬季	夏季	冬季
≤1 500	≤15	54	5	1	1.5	定时开启

鹅饮水时会有戏水行为，身上容易沾水，滴落在舍内后造成饮水区湿度大、环境差。因此，除通风外，舍内水线、水槽布局也要充分考虑到对湿度的影响。通常，在靠近舍边缘部位单独设置饮水区或建饮水岛。饮水区域下方地面留有 3%的坡度，将水引入溢水收集区，再通过墙基小孔向外排出，确保舍内干燥、卫生。

2. 温度控制设施及布局　种鹅的温度控制就是夏季降温和冬季防寒，其中最首要的温度控制措施就是鹅舍的建造。舍内热量除来源于鹅本身散发以外，大部分来自太阳辐射经屋面和墙壁传导的热量及壁面渗透热量。因此，种鹅舍的建造要保证良好的密封性，防止冬季冷风和夏季热风进入。基本要求是白天全封闭条件下，舍内达到“伸手不见五指”的状态；其次，要选用保温、隔热性能较好的屋顶、壁面材料，通常屋顶选用 75mm 厚的聚乙烯泡沫夹芯

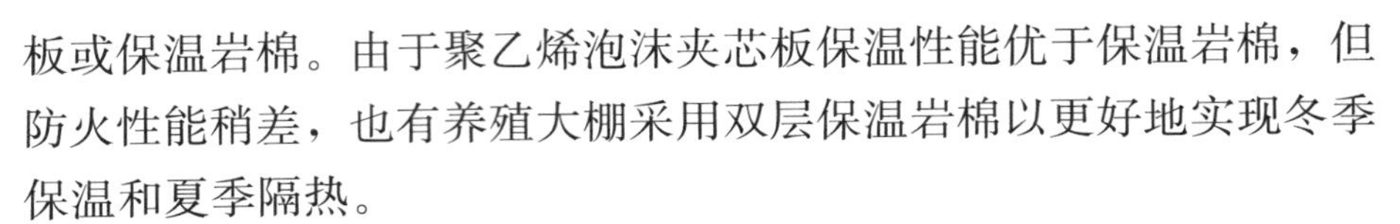

板或保温岩棉。由于聚乙烯泡沫夹芯板保温性能优于保温岩棉，但防火性能稍差，也有养殖大棚采用双层保温岩棉以更好地实现冬季保温和夏季隔热。

近年来，随着种鹅反季节繁殖技术的推广，鹅产蛋高峰正值炎热的夏季，室外温度往往会高达 38～40℃，从而引起鹅的热应激，影响鹅采食、产蛋率和种蛋受精率。因此，需要通过风机-湿帘进行纵向负压通风降温，利用湿帘水蒸发带走鹅舍内热量。这种方式可以在炎热的夏季将舍内温度降低至 30℃左右，以确保鹅稳定维持高产状态。

3. 光控设施及布局 鹅舍光照控制通过灯与卷帘联合实现。补光时，将鹅赶进舍内，打开舍内灯具；遮光时，落下卷帘，同时开启风机通风。灯具安装高度为 1.5～2m，以不妨碍养殖工人在舍内工作为宜；光照强度控制在 80～100 lx，灯具分布要实现舍内光照强度尽量均匀。卷帘下方砌筑矮墙，材料可选用砖、塑料板或黑白膜等，确保卷帘落下后与矮墙有 20cm 的重合、不漏光。风机端加遮光罩，湿帘端加遮阳网，防止漏光。

4. 粪污隔离设施及布局 传统种鹅养殖多采用地面平养的方式。这种方式下由于鹅采食量大，粪便产生量较多，鹅与粪便直接接触容易造成细菌感染，影响鹅产蛋性能，严重的会造成鹅染病死亡。近年来，离地网床养殖应用越来越普遍。其优点一是，能够使禽类离开地面，减少冬季地面传导散热；二是，粪尿、污水随时通过网格漏到地面，减少了禽类接触污染的机会，清洁、干燥的床面能有效遏制疾病的发生和传播，提高禽类成活率。新颖的高强度塑料离地网床地板耐用结实，支腿高度可调，可根据清粪频率而定，一般为 50～80cm；其拼装和拆卸简单，方便进行清洗消毒和地面清粪工作，能够降低不同养殖批次间的疫病传染。

5. 水环境控制设施及布局 鹅舍内仅涉及鹅饮用水，保证饮水充足供应和清洁卫生非常重要。饮水设计分水线供水和饮水槽供水两种模式。饮水槽采用直径为20cm的PVC水管制成。从节约成本投入的角度出发，大棚式鹅舍采用饮水槽供水，该装置由于是敞开式，容易落进饲料、灰尘和粪便，形成厚厚的絮状物；如果水槽长期存水，不经常刷洗，会造成青苔、浮游植物和有害微生物的滋生。因此需要定期刷洗，并采用定量供水，少量多次，确保每次在较短时间内喝完，每天每只种鹅的饮水量一般以1.0～1.5 kg为宜。

较为先进的饮水装备是乳头式自动饮水系统，该系统通常配备鸡用乳头饮水器，最常见的有卡式球阀和卡式锥阀式两种。然而受饮水习性的限制，该类饮水器应用在养鹅上会出现漏水严重、饮水效率低等现象。鹅专用饮水器利用其饮水时“咬拽”的特性，将乳头设计为扁嘴可咬合式，且添加限位罩，规范鹅的饮水姿势，减少饮水过程中发生漏水、争抢的现象，提高饮水效率，降低舍内湿度，有利于改善舍内环境。此外，该系统采用全封闭PVC管道，在水管前还可以加装配套的净水过滤器，从而保证水质清洁；在乳头下方增设溢水回收槽，能一定程度存储从饮水器或鹅喙中洒落溢水，有助于保持舍内环境干燥，蓄水槽要做到定期清洁，防止细菌滋生。

二、运动场环境控制

种鹅场的运动场分水上运动场和陆地运动场两种，面积为鹅舍面积的1.2～1.5倍，水面活动区面积根据载鹅总量确定。南方“鹅-鱼”综合养殖的鹅场，鹅舍建造在鱼塘的堤埂上，用部分堤面和堤坡作鹅的陆地活动场。一般陆地部分用竹木栅栏、铁丝网或砖砌围墙等围住，围栏能有效隔离种鹅群，以方便管理，不致串群，同时防止外界家禽、野兽随便进入，提高生物安全性等。水面上用镀塑铁丝网、尼龙网或竹木栅栏等围出一定面积作鹅的水上运动场，水深通常 1～1.5m，围网一般高出水面 50～100cm，下部距离水底 40cm，以供鱼类从网底游入鹅活动区摄食。这样在水面上围出一部分相对于将鹅放在全水面活动更为合理，对鱼的干扰较小，也易于管理。水面运动场面积一般很大，至少是陆地运动场面积的 1.5 倍。种鹅场载鹅密度为：鹅舍和活动场平均 2～3 只/m^2，游泳场 1～2 只/m^2。

北方陆上运动场地面用水泥浇铸铺成，并尽量做成平整稍有坡度，以利排水。为防止夏季水泥地面温度过高，室外运动场应搭建凉棚或栽种葡萄、丝瓜等藤蔓植物形成遮阴棚。陆上运动场与水上运动场的连接部，用砖和水泥制成一个小坡度的斜坡，水泥地要有防滑面，延伸到水上运动场的水下 20cm。北方人工水池，一般长宽为 5～6m、深 0.4～0.5m，用水泥和砖石制成。人工水池需要频繁更换清洁用水，其排水口要有一沉淀井（图 1-4），排水时可将羽毛、泥沙、粪便等沉淀下来，避免堵塞排水道。

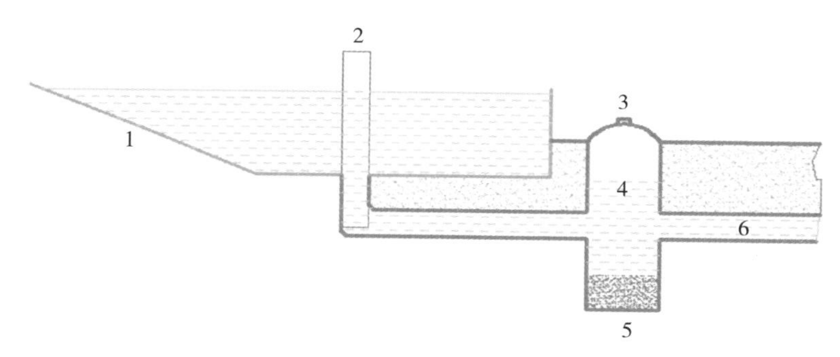

图 1-4 水上运动场排水系统示意图
1. 池壁 2. 排水口 3. 井盖 4. 沉淀井 5. 沉淀物 6. 下水道

三、粪污处理区

1. 堆粪区 堆粪区应该建在种鹅场隔离区之外。存栏量在 1 万只以上的种鹅场，至少需要建造 200m^2的堆粪处理场。堆粪场四周建造 2m 高的围墙，在围墙上方建造高 3～4m 的钢架屋顶，以防止雨水冲淋粪堆，同时可以降低堆粪过程中的粉尘和臭气散发。

堆粪场地面以水泥混凝土铺设，并向一侧以较小坡度倾斜，使堆粪过程中的水分析出，流至污水收集池。堆粪场需要配备翻抛机，每周翻抛堆肥 1～2 次，使空气渗透进入堆粪内部，促进好氧菌的发酵、粪肥的熟化和其内水分的蒸发。一般的种鹅养殖场，其粪便经过 2～3 周的堆粪处理，即可熟化作为农家肥在农田施用。

2. 沼气池 种鹅因为需要水体进行降温、交配、运动和梳洗等，产生的废水较多，需要在运动场水池下通过沉井和排污管等排水系统，引流至污水池或沼气池进行发酵处理。可以采用一半建于地下、一半位于地面上的低成本覆膜沼气池（图 1-5）处理鹅场污水和粪污。年存栏量在 1 万只以上的种鹅场，可以建造 1 500～2 000m^3的覆膜沼气池，用于消化分解全部鹅场污水和粪便。处理完成后的沼液，可以再通过管道，泵送至农田灌溉肥田。如果需要实现沼液出水达到环保排放标准，需要再建设 3～4 个 100m^3的氧化池进行氧化处理和一个 500m^3 人工湿地进行氮素消纳。

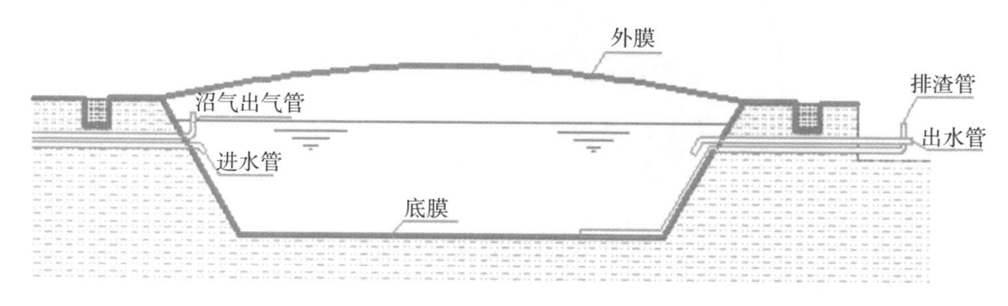

图 1-5 低成本覆膜沼气池

注：沼气池整体通过在地下挖基坑而形成，深度可达 7～8m，为防止污水渗漏，在池底部和四周均铺设低成本防渗膜，即图中所示的底膜，替代混凝土、砖块等常规建池材料。顶部外膜通常为厚度 1.5mm 的进口乙烯土工膜，起到密封、吸收阳光、增温保温的作用。污水通过进水管流入池内，沼液和沼渣分别通过出水管和排渣管排出，产生的沼气“浮”在水面上方，通过沼气出口管连接至沼气利用设备。

在温度较低时，厌氧发酵原料温度较低，满足不了沼气发酵所需的温度，必须采取必要的增温、保温措施（图 1-6）。常见环境友好型增温、保温措施有：①将沼气反应器建在双层保温日光温室内，依靠日光温室的保温效果，降低温度散失，维持内部环境温度；②增设沼气回流加热系统为发酵原料增温，其措施是根据测试循环水的温度设定锅炉阈值，在测温低于设定值时，锅炉自动启动、点燃回流沼气，对循环系统中的水加温，再通过泵经主管道输送到发酵池底部铺设的地热管中给系统增温；③架设太阳能加热系统为发酵系统增温，利用太阳能热水器集热到同一个水箱，再通过管道泵将热水输送到发酵槽底部铺设的地热管中给系统增温。这三方面的措施，根据不同地区的温度情况，可以单独使用，也可以综合运用，能够保证沼气系统在气温较低时仍能正常工作。

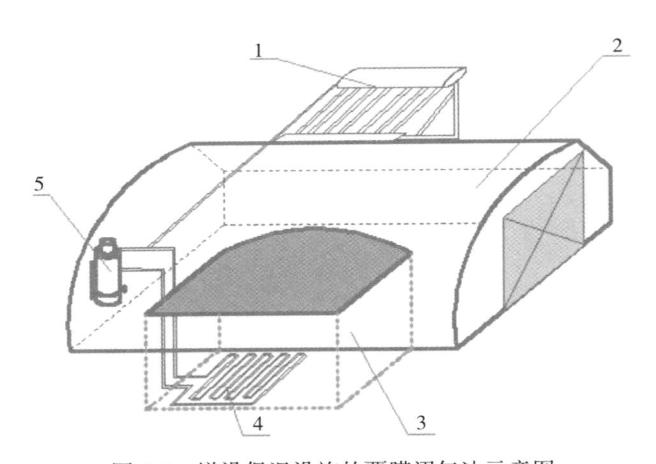

图 1-6　增设保温设施的覆膜沼气池示意图

1. 太阳能热水器　2. 双膜日光温室　3. 覆膜沼气池　4. 地热管　5. 沼气锅炉

四、孵化厅

1. 建设环境要求　虽然有些偏僻地区的小养殖户仍然使用抱

窝鹅孵蛋生产雏鹅，但是目前绝大部分的规模养殖户和企业都采用自动孵化机孵蛋。无论机器孵蛋还是种鹅孵蛋，孵化厅都需要尽量远离种鹅舍至少150m，并建设在种鹅舍的下风向，设置独立的出入口；有条件的鹅场一般另行选址建造孵化厂。孵化厅的布局要严格按照“种蛋消毒→种蛋保存→种蛋处置（分级码盘等）→孵化→移盘→出雏→雏鹅处理（分级鉴别、预防接种等）→雏鹅存放”的生产流程进行规划，其功能分区见图1-7。孵化厅周围应保持环境安静，孵化厅内应冬暖夏凉、空气流通、室内光线适中；舍内地面应用水泥浇平，并向中央稍有坡度下降，在中央设一纵向穿过的地沟，上盖漏缝地板，以利在喷水凉蛋时排出多余溢水。

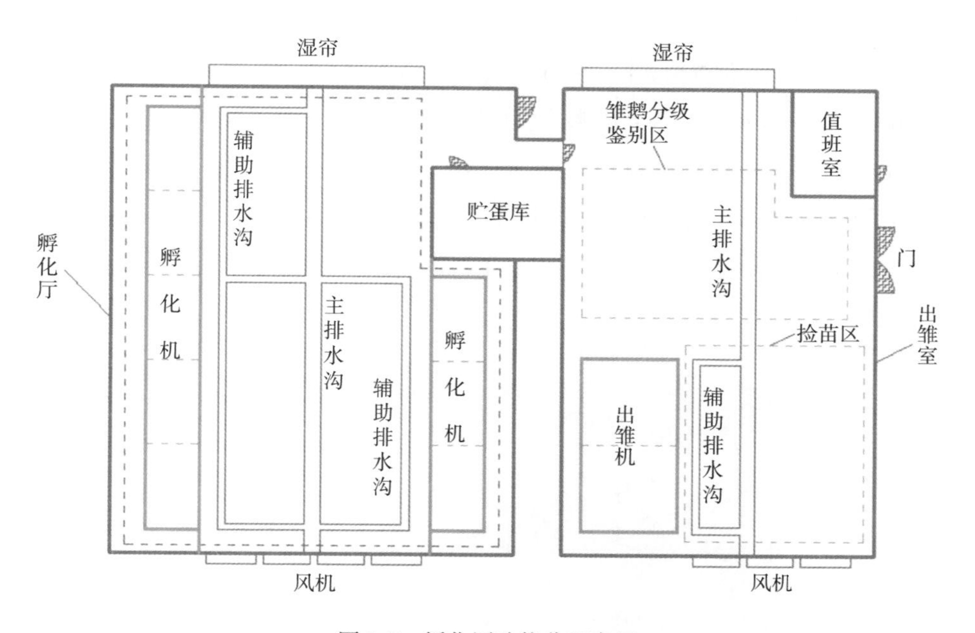

图1-7 孵化厅功能分区布局

2. 孵化厅的规模设计 存栏量在2 000～5 000只的种鹅场，需要配置3～5台孵化机、1台出雏机；存栏超过1万只的种鹅场，特别是饲养产蛋性能较高的种鹅时，至少需要配置10台全自动孵

化机。孵化厅应具备 3.5m 高、20～25m 长、10m 宽的空间。孵化机分两列放置在孵化厅内，并使中间过道距离达到 3m 以上，以利于各种孵化厅工作的开展（图 1-8）。出雏厅则安排在一个相邻的房间内，其中放置 2～3 台出雏机。由于鹅蛋体积大，孵化时的胚胎体型和重量均较大，胚体的重力较大易造成局部的畸形及与胎膜粘连，在选用孵化机时，要选用专门用于鹅种蛋孵化的大角度翻蛋孵化机，翻蛋角度以单侧 60°～70°为宜。

有些种鹅场采用前期在孵化机中孵蛋，后期（如孵化 20d 后）将胚蛋转移至摊床孵化的操作，摊床面积则需要按照孵化规模而定。摊床建造高于地面 1m 左右、宽 2m，以使工人在两侧工作时能够操作位于中央的胚蛋，长度视房舍空间而定。摊床上需要配置棉被等保温材料。

3. 孵化厅环境控制 种蛋孵化前需要贮存 3～5d 方能达到最佳孵化率，因此，需要在孵化厅旁边专门建一贮蛋库。通常贮蛋库面积应具备 25～30m^2、高 3.5m 的空间，以方便在其内人工分拣种蛋和其他操作。贮蛋库四周墙壁封闭无窗，用两台 1.5 匹空调为其降温至 17～20℃，以维持较低温度抑制胚胎发育（图 1-9）。

图 1-8 孵化厅

注：孵化机均衡分布在孵化厅两侧，纵向一侧墙面装有风机进行通风。

图 1-9 贮蛋库种蛋贮存现场

为保证孵化室内空气新鲜，应设计和安装通风系统（图 1-8），通风系统可以排出室内二氧化碳、硫化氢及其他有害气体，并可以调节好室内的温度和湿度。孵化厅各功能区应单独通风，避免交叉污染。孵化厅内通风技术参数分别见表 1-4 和表 1-5。

表 1-4 孵化厅各功能区空气流量（每千枚蛋）

室外温度		贮蛋库	孵化室	出雏室	雏鹅存放室
（℉）	（℃）	（m^3/min）	（m^3/min）	（m^3/min）	（m^3/min）
10	−12.2	0.06	0.20	0.43	0.86
40	4.4	0.06	0.23	0.48	1.14
70	21.1	0.06	0.28	0.51	1.42
100	37.8	0.06	0.34	0.71	1.70

表 1-5 孵化厅各功能区温、湿度及通风技术参数

功能区	温度（℃）	空气相对湿度（%）	通风要求
孵化、出雏	24～26	70～75	机械通风
雏鹅处理	22～25	60	有机械通风设备
种蛋处置兼预热	10～24	50～65	人感到舒适
种蛋贮存	10～18	75～80	无特殊要求
种蛋消毒	24～26	75～80	有强力排风扇
雌雄鉴别	22～26	55～60	人感到舒适

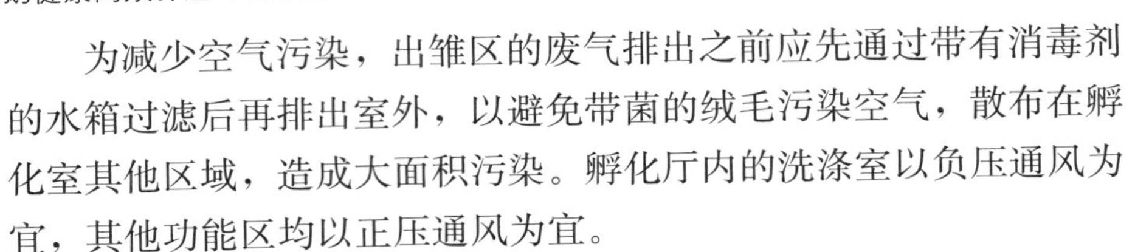

为减少空气污染，出雏区的废气排出之前应先通过带有消毒剂的水箱过滤后再排出室外，以避免带菌的绒毛污染空气，散布在孵化室其他区域，造成大面积污染。孵化厅内的洗涤室以负压通风为宜，其他功能区均以正压通风为宜。

五、其他配套设施设备

1. 清粪装置 种鹅由于采食量大，其粪便排泄量也较大，种鹅舍内地面的粪便会以较快速度积累，并可能造成粪便病原污染舍内环境。为了保持鹅舍清洁卫生，同时节省人工，提高清粪效率，中大型种鹅场需要配备1台滑移推粪机清粪。种鹅淘汰出栏之后，为了对鹅舍进行清洗消毒，还需要在鹅场配备清洗用高压泵和喷枪，用于去除舍内污垢及可能的病原。

2. 运输设备 存栏量3 000只左右的小型种鹅场，需要手扶拖拉机挂车1辆，手推小斗车1～3架，用于饲料运输、饲喂和鹅粪便运输；小型饲料搅拌机1台。存栏量为5 000～8 000只的种鹅场，则需要农用卡车1辆、饲喂和送蛋用电瓶车3辆及小型饲料搅拌机1台。存栏超过10 000只的种鹅场，则需要农用卡车1～2辆、小型铲车1辆、饲喂和送蛋用电瓶车3～5辆和小型饲料搅拌机1台。

第三节 商品肉鹅场的建设及环境控制布局

各地区自然资源禀赋和经济社会条件不同，肉鹅的养殖方式也存在较大差异。比较典型的有利用天然草场的放牧养鹅、林地养鹅、养殖水面养鹅、光伏养鹅以及舍内平养及高床架养等。应因地制宜规划肉鹅养殖场及配套建设相应的设施设备，以适应不同肉鹅养殖模式的环境控制要求。

一、南方“鹅-鱼”养殖的商品鹅场规划建造及环境控制

南方利用水面进行养鹅生产，构建“鹅-鱼”综合养殖模式（图 1-10），需要树立“保护鹅只健康才能获得生产性能”的养鹅理念。

图 1-10　南方“鹅-鱼”养殖实景
注：近处水面为养殖鱼塘，远处为鹅舍及运动场。

1. 鹅场规划　鹅场规划建造时，可借助养殖水面的斜坡建设舍外陆地运动场，鹅舍及陆地运动场采用混凝土浇铸平整，以利于清粪和清洗；陆地运动场与养殖水面平稳过渡，防止鹅只受伤；鹅舍的四壁要有一面与运动场直通，使鹅只能够自由进出鹅舍至陆地和水上运动场；要尽量扩大水面运动场的面积，使其至少是陆地运动场的 1.5 倍，或使单位水面的载鹅密度控制在 1 只/m^2以下。如果水体载鹅密度较大（≥1 只/m^2），则需要考虑在陆地运动场上单独建造饮水池或饮水槽，为鹅只供应清洁饮水。为了避免鹅钻咬塘底污泥沾染有害菌等问题，鹅水面运动场深度至少需要 1.0m，并且在距塘基 2m 处架设围栏阻隔鹅与塘基接触。

2. 水体污染控制　采取各种措施避免或降低水体有害菌和细菌内毒素污染是“鹅-鱼”综合养殖环境控制需要解决的关键问题。

具体可采取以下措施。①在不影响鹅只活动的前提下，在水面上应用增氧机提高水体溶氧。②在鹅饲料中添加益生菌（如芽孢杆菌），使之在鹅肠道中竞争抑制有害菌的增殖及在粪便中的排放，从而减少对水体有害菌的污染。③每周向水面喷施光合细菌调节水质，光合细菌在水体中生长繁殖时会吸收利用氮、磷等营养物质，从而剥夺有害菌的营养供应，抑制其在水体中的增殖和内毒素污染；通过在饲料和水体联合应用益生菌，既可以显著控制水体环境质量，又能够显著提高鹅的生长性能。④在山区、山涧等有清洁水源供应时，还要时常利用清洁水源更换塘水，也能起到降低有害菌和内毒素污染的作用。

二、北方离水养殖的商品肉鹅场规划建造

北方离水舍内养殖鹅场应规划高旷易通风的鹅舍，以降低舍内空气中病原毒素臭气浓度，提高鹅只健康；鹅舍内采用高床架养，利用漏缝地板避免鹅与粪便接触，保持鹅只健康。具体设计要求，因不同的养殖模式的资源利用、设施配套不同而存在差异。

（一）现代化肉鹅场

现代化肉鹅场场区布局与本章第一节鹅场布局原则基本相似，功能上主要包括场前区、生产区和隔离区三部分，各功能区的风向和地势要求、隔离要求同第一节。其中生产区主要包含育雏鹅舍、育成鹅舍和饲料仓库区，不同日龄鹅舍之间保持科学的防疫距离，并建有相应的隔离带。

育雏鹅舍、育成鹅舍应能满足不同阶段鹅只对温度、湿度、光照、通风等的需求，并能通过布设在舍内的各类传感器自动调节舍内环境；设备应配备自动饮水线、饲料投喂设备及自动清粪装置。

一个典型的现代化商品肉鹅场，需要建造员工生活和办公区约 $20m^2$ 的房屋6间左右（图1-11）；建造4栋60m×14m的生长肥育舍、1栋60m×14m的育雏舍。如此规模的育雏舍，采用双层双列育雏栏，可以一次性育雏4 000只1～20日龄的鹅苗，然后隔10 d的空栏期后重新开始下一批次鹅苗育雏。完成育雏的21日龄鹅苗，则平分为2 000只左右两个群体，分别转移至2栋高床架养的生长肥育舍（图1-12），养殖至70日龄时上市。肉鹅出栏后再经过最长10 d的空栏期后，生长肥育舍可以继续周转养殖新一批完成育雏的鹅苗。以此方式，1栋育雏舍可以与4栋生长肥育舍完美结合，进行雏鹅和生长肥育鹅均以10 d为空栏期的周期性养殖，使每个鹅舍在一年内生产5批商品肉鹅。

图1-11　现代化鹅场的生活和办公区

图1-12　生长育肥鹅舍及其内部结构

（二）林下养鹅

林下养鹅最早是在冬季或早春在树林下种植青草（如黑麦草或

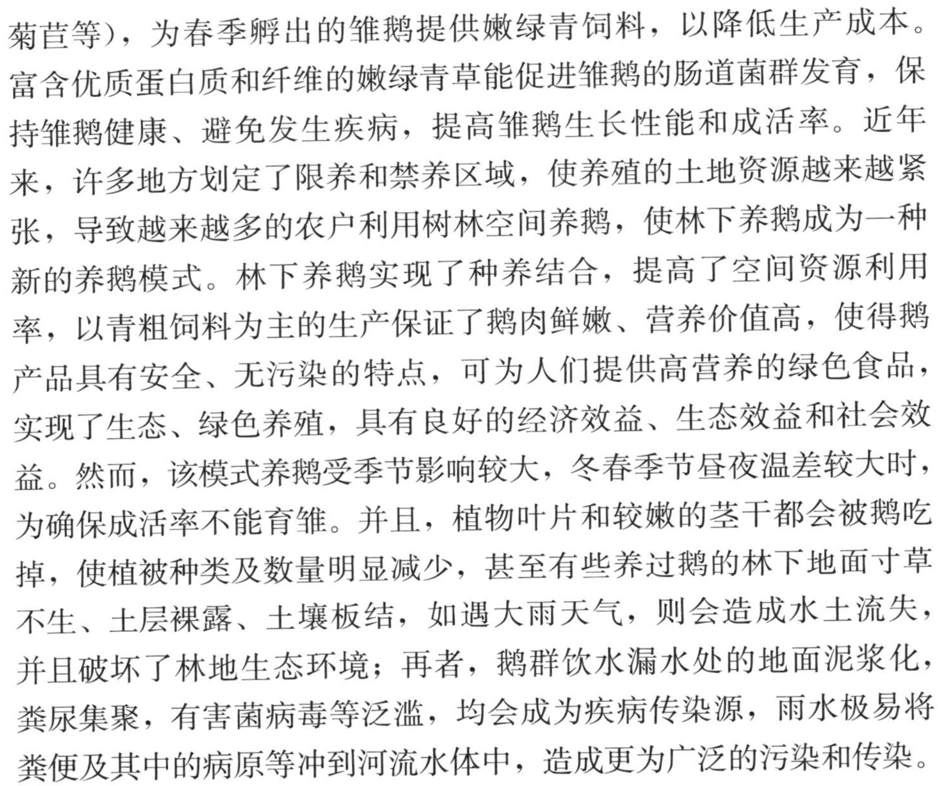

菊苣等)，为春季孵出的雏鹅提供嫩绿青饲料，以降低生产成本。富含优质蛋白质和纤维的嫩绿青草能促进雏鹅的肠道菌群发育，保持雏鹅健康、避免发生疾病，提高雏鹅生长性能和成活率。近年来，许多地方划定了限养和禁养区域，使养殖的土地资源越来越紧张，导致越来越多的农户利用树林空间养鹅，使林下养鹅成为一种新的养鹅模式。林下养鹅实现了种养结合，提高了空间资源利用率，以青粗饲料为主的生产保证了鹅肉鲜嫩、营养价值高，使得鹅产品具有安全、无污染的特点，可为人们提供高营养的绿色食品，实现了生态、绿色养殖，具有良好的经济效益、生态效益和社会效益。然而，该模式养鹅受季节影响较大，冬春季节昼夜温差较大时，为确保成活率不能育雏。并且，植物叶片和较嫩的茎干都会被鹅吃掉，使植被种类及数量明显减少，甚至有些养过鹅的林下地面寸草不生、土层裸露、土壤板结，如遇大雨天气，则会造成水土流失，并且破坏了林地生态环境；再者，鹅群饮水漏水处的地面泥浆化，粪尿集聚，有害菌病毒等泛滥，均会成为疾病传染源，雨水极易将粪便及其中的病原等冲到河流水体中，造成更为广泛的污染和传染。

1. 饲养场地选择　饲养肉鹅的林地，一般应远离其他畜禽养殖场、畜禽交易及屠宰场等大的污染场所，距离公路干线及村、镇应保持 2 km 以上，并选择具有地势开阔、通风及透光性好、靠近水源、交通便利和相对安静的林地。

林下养殖应根据需要建大棚鹅舍，棚舍应建在背风向阳、地势高燥和便于排水、供电的场地，场地坡度低于 10°为宜，一般建于林地边上。可以将鹅舍周边的一小块林地辟为鹅只活动的运动区，其上可以放置料盆和饮水槽或建造人工运动水池。

用于林下养鹅的林地可以是落叶林（果林），也可以是常绿林；林地的密度要适宜，植株间距在 3m×4m 或 3m×5m，树龄在 3 年以上，一般要求林地荫蔽度在 70%左右，在这样的密度下，树冠可以防止阳光直射鹅，同时也有利于牧草和鹅生长。林下空间可划分为 3 个区域进行轮牧，每个区之间可用尼龙网或高大茂密的速生植物隔开，通过不同区域交替轮换放牧，既能充分利用草地，又能保证鹅只食用优质牧草。

2. 牧草的选择 为了保持水土、避免土壤板结、消纳鹅粪污排放物，同时给鹅提供优质草资源，降低饲料成本，可以在林下分陇种植牧草，构建“林-鹅-草”的循环种养模式。牧草的选择应具备以下条件：青绿期长，适口性好；鲜草产量高，营养丰富；如果用于放牧，要有良好的耐践踏性和持久性；每年可多次刈割。

播种牧草时应将一年生和多年生、暖季型和冷季型的牧草搭配使用，在 9 月下旬到 10 月中下旬播种冬牧 70、菊苣、紫云英，次年 3 月可以供应牧草。次年 5 月前茬草利用结束，播种白三叶、狼尾草或苏丹草。多年生牧草供草期长，搭配一年生牧草可以为鹅提供充足的饲草。

3. 水源供应 林下养殖（图 1-13），同样要保证鹅只有充足和干净的饮水。在林中特定区域应设置饮水区或铺设直径 20cm 的 PVC 材质的饮水槽，时刻保持有清洁的饮水供应。为了避免鹅只饮水产生的溢水污染土壤，以及潮湿土壤与粪便混合成为有害菌繁殖的泥浆，特别是要防止鹅只喜欢深挖湿土泥浆的恶习及受到泥浆中有害菌的感染发病，需要将 PVC 饮水槽及周围的饮水区域用

图 1-13　林下养鹅实景

硬塑料漏粪地板架空，以将鹅与饮水槽下方的湿土及其中的粪便隔离开。在建造人工运动水池时，可以建造混凝土质的永久水池，也可以建砖石铺底并在表面覆盖防渗塑料膜的暂时性可移动水池。总的要求是注意保持饮水处林下地面干燥、无污染，也需要定期更换池水，保持清洁卫生。

（三）草地牧鹅

草地牧鹅的方式包括南方农区的“茬口放牧”和北方的“草原牧鹅”。“茬口放牧”的做法已有几百年的历史，主要在春季农耕播种之前，在田间牧鹅采食杂草进行生产。有些地区利用枯水季的河滩地牧鹅。近年来，在我国东北三省、内蒙古东部、新疆的草原或草甸地带，春夏季节利用快速生长的牧草牧鹅，促进了北方草原鹅业的快速发展。

草地牧鹅生产中，一般在农田或草地上设一围网或简易鹅棚，夜间将鹅赶入其内加以适当补饲，白天则放出鹅只牧食青草（图1-14）。放牧往往需要频繁更换地点，最主要的是使鹅只避免过分集中，以免过度放牧，破坏草地资源，同时避免粪便及有害菌大量集中，造成对鹅只健康的危害。其次，大范围的放牧可以使鹅充分利用青草资源，节省饲料投入，降低养鹅成本。东北地区草原牧鹅生产，一般都是在气温适宜的夏季开展，不仅牧草资源充足，鹅只活动和生长亦不受影响，存活率高，生长快，能够获得较好的经济效益。在牧草生长良好的田地上，可以完全省去夜间补饲，虽然肉鹅的生长速度降低，但将饲养时间延长至整个春、夏季的4～5个月后，所生产的鹅肉质鲜美，是纯天然绿色的“草原生态鹅”食品。

其他一些开展养鹅的国家如法国、波兰和匈牙利，其“草地牧鹅”生产结合现代畜牧科技理论展开，都在农地上建造能保持鹅最低福利要求的正规鹅舍，并将周围的农地用围栏围成轮牧田块，根据牧草消耗情况及时将鹅在不同田块中周转轮牧，同时又能对鹅在舍中进行补饲（图 1-15）。

图 1-14　东北“草原牧鹅”生产的补饲区（左）和放牧草地（右）

图 1-15　轮牧养鹅（左）和舍饲结合“草地牧鹅”生产（右）

（四）光伏鹅场

随着新能源技术的推广应用，国内越来越多的地区搭设起了成片的太阳能光伏板矩阵，利用太阳能进行发电，不少地区探索建立了一种光伏发电鹅舍，将鹅舍与太阳能光伏板相结合，既充分利用了太阳能光伏板下的空间及土地资源，又节约了鹅舍建设耗材，降低了成本，提高了土地的产出率（图 1-16）。

1. 太阳能光伏板搭设　以一个占地面积 10 hm^2、建有 450 组太阳能的光伏发电场为例。每个太阳能光伏板矩阵通过一系列立柱支撑，长度在 20m 左右，板面朝南倾斜设置，光伏板与水平面形成的倾斜角在 20°±10°的范围，立柱支撑光伏板中间位置，光伏板下沿距离地面最低 2m，上沿最高处距离地面达到 3.5m。相邻的太阳能光伏板矩阵沿东西方向连接成片，并在南北方向上间隔较大、整齐分布。

2. 光伏发电鹅舍建设 选择前后相邻两列间隔 7m、长 50m 的太阳能光伏板阵列，在光伏板下方建造大棚养鹅舍和运动场。利用与水平面形成的 25°倾角的光伏板作为养殖舍的南侧棚顶，光伏板最下沿距地面 2m 的空间内建钢管架和塑料膜卷帘，作为鹅舍侧墙并控制舍内外通风。从光伏板上沿最高处距离地面 3.5m 处，向北侧倾斜至地面建造钢管结构，同样覆盖塑料膜卷帘。在所建造的高 6m（有 1m 留于舍外）、长 50m 的光伏板下鹅舍内，再用塑钢丝铺设网床，高度距地面 50m。网床上设置 PVC 饮水管和料槽。在紧连棚舍的更多阵列光伏板下地面铺设混凝土，建成舍外运动场。光伏发电鹅舍内外部造型结构见图 1-17。

图 1-16 光伏发电鹅舍养鹅实景

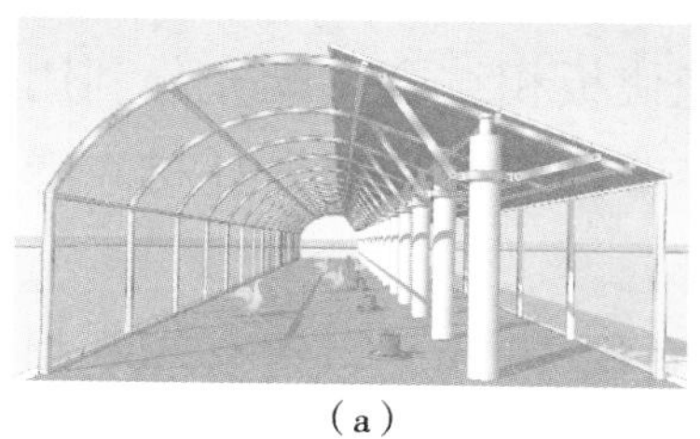
（a）

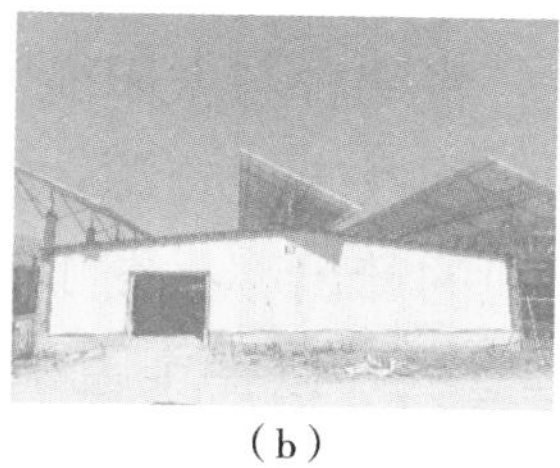
（b）

（c）

图 1-17 光伏发电鹅舍外部造型和内部结构

第二章
种鹅养殖的环境控制

第一节 种鹅养殖的环境控制要求总则

鹅舍作为鹅生活和生产的场所，必须保证合适的生活环境，应具备良好的通风换气、温度和光照控制、废弃物清除等功能；同时，鹅具有敏感性高、活动力强、喜水、喜清洁等特点，要求必须有宽敞又清洁卫生的活动空间。生产鹅苗是种鹅养殖过程中最为重要的工作，通过配备合适的鹅舍设施设备进行良好的环境控制，才能使种鹅充分表现出良好的繁殖活动和繁殖生产性能，生产出优质鹅苗，为提高商品肉鹅的生产性能和质量安全性能打下良好的基础。此外，种鹅本身的季节性繁殖特点和某些鹅种的抱窝习性，又要求现代化种鹅舍能够提供人工光照，以灵活调控鹅的开产时机，满足市场对鹅苗均衡供应的需求；此外，通过控制抱窝做法使母鹅及时醒抱重新开产，能够同步提高母鹅的产蛋性能和生产的经济效益。

一、种鹅舍的建造类型

（一）传统种鹅舍

传统养鹅生产主要是个体农户开展的家庭副业生产。由于个体农户的财力等因素制约，在鹅舍建造上的投入都较少。此种生产方式下，种鹅舍建造都非常简单，大多利用空闲的旧房舍或在墙院内用围栏搭棚建成的半敞开式棚舍（图 2-1）。此类简易鹅舍早期建于河流水源边缘（图 2-1 左），而近年来由于注重生态环保，禁止在水源地进行养殖，很多小型种鹅场转移至能够消纳养殖污水的农田或林地开展。

如图 2-1 左所示，可以在农田地中围上一亩左右空地，地面铺砖，于四边围上围栏，并在其一边建一简单半开放的棚舍，地面铺上稻草等垫料，供种鹅做窝产蛋用。其余棚外空间可以作为运动场所和放置饲喂料盆。该简单鹅舍或鹅场上，可另建一个 4m×5m、水深 0.5m 的水泥池，打一口 50m 的深井，每天抽吸 5～6 t 水，用于鹅梳洗羽毛和进行水中配种等。废水排放至农田被农作物利用。此种小型家庭式种鹅场一般可以养殖存栏 1 000 只左右规模的种鹅群体。由于敞开式棚舍不能屏蔽外界阳光，内部也缺乏灯具提供人工光源，因此种鹅只能随自然光照表现出季节性繁殖产蛋规律。

图 2-1　小河边（左）或农田内（右）所建造的半开放式种鹅舍（舍外为简单运动场和人工水池）

（二）光控种鹅舍

近年来，为了均衡全年养鹅生产而开展的种鹅反季节繁殖工作，需要建造具备人工光照条件同时屏蔽外界阳光的种鹅舍，从而可以实现利用人工光照调控种鹅的繁殖季节，使种鹅在夏季的非繁殖季节正常开产生产鹅苗。图 2-2 为饲养 1 000 只种鹅的鹅舍布局图。

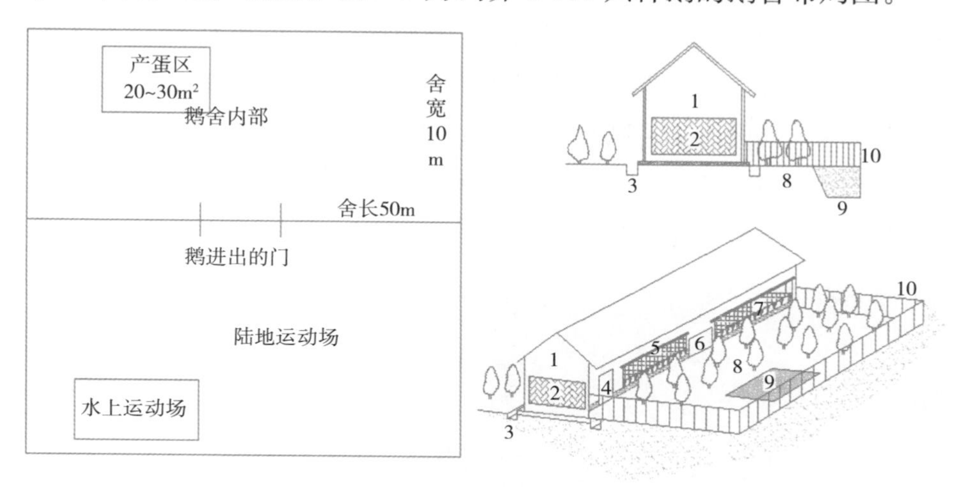

图 2-2　养殖 1 000 只种鹅的鹅场布局简图

1. 鹅舍　2. 湿帘　3. 排水沟　4. 大门　5. 卷帘　6. 鹅进出的门　7. 漏粪地板　8. 陆地运动场　9. 水上运动场　10. 运动场围栏

简易的反季节繁殖鹅舍，不仅有自然通风的竹木结构简易鹅舍，也有机械通风的砖瓦结构简易鹅舍（图 2-3）。当对种鹅进行舍内光照处理时，封闭的光控鹅舍需要采用自然或机械通风。自然通风型鹅舍一般都是采用低成本建造的竹木结构，结构上需高大宽敞，屋脊与地面高差达到 4～4.5m，以产生良好的“烟囱效应”。另需要将屋脊建成上下两层的钟楼式结构，以利于废气排出，同时避免阳光透入。鹅舍的墙基处建有能够挡住外界光照同时又利于空气进入的进风口。当种鹅被关入鹅舍接受人工光照处理时，其呼出的热气在“烟囱效应”的作用下，较易上升至屋脊的钟楼结构处排出，从而实现良好的通风换气。

为了更加灵活且高效能地对种鹅舍进行通风换气，鹅舍墙壁从 50cm 高的墙基以上至 1.8m 高的部位一般建成空墙，其上覆盖人工控制开启的卷帘，在不影响鹅舍光照的条件下，通过开启卷帘可以对舍内更好地通风换气。在炎热夏季的种鹅反季节繁殖生产中，夜间外界阳光消失之后打开卷帘、敞开鹅舍使之里外相通，达到高效通风换气。这一做法对于排出鹅舍内的水分以提高舍内地面的干燥度和卫生程度特别有效。机械通风鹅舍屋顶可以放低至 3.5m，但要在一侧墙面上安装排风机和排风管，外界空气则通过墙基处的进风口进入（图 2-3 右图和图 2-4）；墙基处的进风口采用砖砌成内外相通的 30cm 间隔，其上覆盖向外延伸的水泥盖板以阻止外界光线进舍，但对空气则无阻挡。

图 2-3　简易光控鹅舍（左）和机械通风鹅舍（右）内部（箭头显示墙基处的进风口）

图 2-4　简易机械通风鹅舍（显示山墙上的风机和通风管，侧墙上的铝质卷帘。箭头显示墙基处的进风口）

光控鹅舍内部需要安装人工光源，一般采用日光灯和节能灯，光照强度以黑夜补光时在鹅眼部位置的照度达到 80 lx 为宜，或者是每隔 $8m^2$ 安装一盏 40 W 日光灯。舍内也可以安装饮水器，但要保持干燥清洁。

鹅舍内部一般设置铺稻草的产蛋区，也有采用垫草的产蛋箱或产蛋区。对于具有就巢行为的种鹅，还需要额外设置一个就巢鹅的隔离区，使之与产蛋环境脱离，尽快忘却所产蛋并放弃就巢，重新开始下一轮产蛋。该隔离区可以通过一个专用通道，与运动场上或边缘的水面上的一个隔离区相通，以方便就巢鹅的管理，使之在白天和黑夜与产蛋鹅得到同样的光照处理。

炎热夏季开展种鹅的反季节繁殖生产，还需要避免种鹅的热应激及强烈阳光对繁殖活动的不良影响，因此还需要在运动场上植树或建凉棚遮阳。此外，运动场需要放置食槽和饮水器。可以在运动场与池塘之间建一栅栏，以利于更好地管理种鹅的饲喂和清扫运动场。运动场与水面之间也需要建带有水泥或铁制漏缝盖板的水沟，以防止运动场上的粪便和污水直接进入水面污染水体。南方鹅需要相对较大的活动面积，因此水上活动区域需要较大。对于养殖1 000只种鹅的鹅舍，鹅舍、运动场、水面面积之比一般为250∶400∶800（按m^2计算）。池塘需要建有清洁水源供水管道和污水排出管道，理想情况下最好做到每周换一次塘水，方能获得高水平的种鹅繁殖性能。对塘水管理不善造成水质污染，往往造成种蛋受精率和孵化率的下降，这在夏季气温和水温较高时会非常严重。

（三）环控种鹅舍

夏季炎热高温天气开展种鹅反季节繁殖生产，容易造成鹅热应激，进而影响采食量、产蛋性能及种蛋受精率。因此，必须建造通风、降温良好的环控鹅舍，为种鹅提供舒适的生活生产环境。

目前环控鹅舍主要有两种：高档房舍式（图2-5和图2-6）和简易大棚式（图2-7和图2-8）。高档房舍式建筑平均造价为450～550元/m^2，使用年限长达15年；而简易大棚式平均造价160～180元/m^2，使用年限最多为10年。

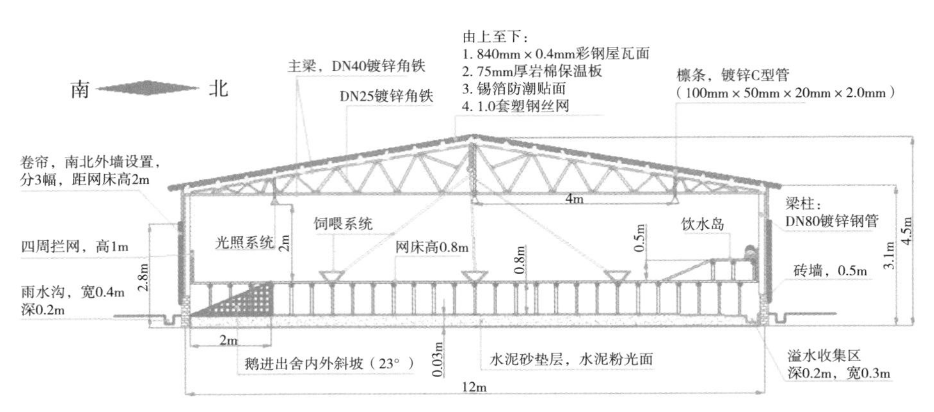

图 2-5　高档房舍式环控鹅舍

图 2-6　高档房舍式环控鹅舍内部结构

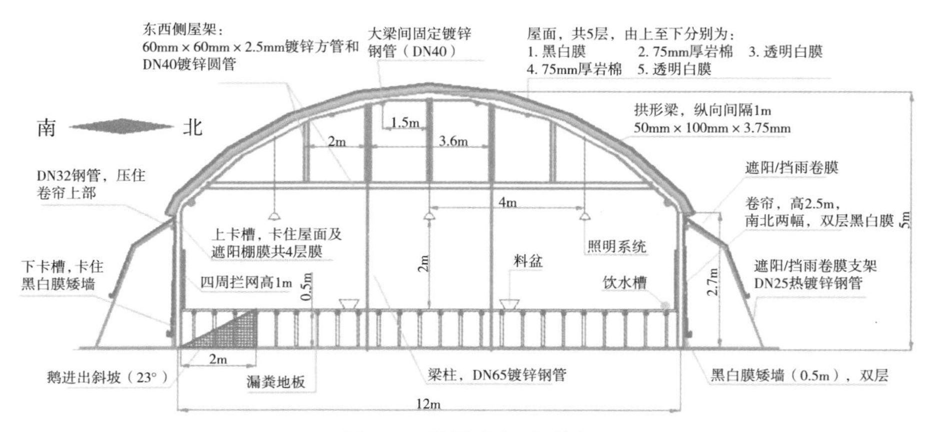

图 2-7　简易大棚式鹅舍

图 2-8　简易大棚式鹅舍内部结构

1. 房舍式环控鹅舍　房舍式建筑整体采用钢结构，屋面材料共 4 层，铺设于檩条上方，从外到内分别为彩钢板、岩棉保温板、反射隔热箔及套塑钢丝网。屋檐部分伸出南北墙各 30cm 左右，起到保护外墙及其他附属结构的作用。主梁由镀锌角铁焊接而成，架设在柱梁（热镀锌钢管）之上，纵向间隔为 5m。四周外墙主体采用 75mm 厚夹芯板，起保温隔热和防水功能。底部南北侧为矮墙，用砖砌筑，高 50cm。鹅舍主体地面要求夯实平整并浇筑 6cm 厚水泥砂垫层，表面再用水泥粉光，有利于进行清粪、清洗和消毒工作。

2. 大棚式环控鹅舍　大棚式建筑设计考虑到成本问题，结构和用料更为简单。屋面采用双层岩棉设计，保温性能更好，五层结构从外至内分别为 PET 黑白膜、外层 75mm 岩棉、透明膜、内层 75mm 岩棉和透明膜。三层膜通过卡簧卡入热镀锌卡槽内，最外层再用防晒绳固定，使得屋面抗风性更好，薄膜不易被风吹起。支撑屋面的是拱形带柱包塑镀锌钢管，包塑设计使得钢管不易生锈，更加坚固耐用。其中，靠近山墙的两个屋架采用加强设计，与第 3 个梁之间设置了剪刀撑，以防止屋架倾斜和加强稳定性。除此之外，梁与梁之间通过多根纵向镀锌钢管依次固定。为使棚舍整体承载能力更强，沿纵向中心线两边垂直架设两列梁柱（热镀锌钢管），纵

向间隔为 4m、横向 4m。大棚东、西山墙为砖墙，外表抹水泥砂浆，南、北不设矮墙，用高度为 50cm 的黑白膜代替，底部埋入地下固定，上方通过卡槽固定在拱形梁柱子上。

由于大棚没有房檐，雨水容易渗入棚舍内，造成舍内湿度大，促使有害细菌滋生及产生氨气等。因此，在南北两侧应加装由黑白膜和镀锌钢管支架组成的简易遮雨棚，下雨时将卷膜落下，起到挡雨的作用，平时卷起以利于鹅舍采光和横向自然通风。在夏季太阳斜射之时，卷膜同时闭合起到遮阳的作用，有助于舍内降温。

二、种鹅舍通风管理

反季节繁殖种鹅舍在非光照处理期间以横向自然通风为主，南北墙卷帘卷起。光照处理期间，尤其是夏季，使用风机湿帘系统进行纵向通风降温。纵向通风时所需风机数量计算有两种方式，热平衡法和设定风速法。热平衡法计算公式如下：

$$Q_s+Q_l+Q_{su}+Q_m+Q_w=Q_v \tag{1}$$

式中，Q_s和Q_l分别为鹅只产生的显热和潜热，Q_{su}为太阳辐射经屋面和墙壁传导的热量，Q_m为灯具、机械设备等发热量，Q_w为壁面渗透热量，Q_v为风机湿帘降温系统带走的热量，单位均为瓦特（W）。其中，舍内设备以及节能灯的发热量很小，Q_m可忽略不计。根据文献的计算方法可粗略计算鹅产生的显热和潜热、屋面和墙壁传导热、壁面渗透热和经湿帘降温后带走的热量，及鹅舍所需通风量。该通风量除以所选风机理论排风量即得到风机数量。

相比之下，根据设定舍内平均风速来计算通风量，进而确定所需风机数量更为简便，计算公式如下：

$$N=V/V'\cdot\eta=60\cdot \mathrm{A}\cdot v/V'\cdot\eta \tag{2}$$

式中，N 为所需风机台数，V 为通风量（m^3/min），V'为单台风机理论排风量（m^3/min），η 为风机效率，A 为鹅舍横截面积

(m^2)，ν 为设计的舍内平均风速（m/s）。鹅舍内夏季平均风速参考畜禽舍纵向通风系统设计规程中种蛋鸡舍纵向通风设计，一般取平均风速 1.0m/s。通常对于长 50m、宽 12m、高 4m 左右的鹅舍，需安装 54 吋风机（机身 1 380mm×1 380mm）5 台。其中，风机均匀安装在山墙，离地高度 0.5m（图 2-9）。风机山墙对侧安装湿帘（图 2-10）。湿帘的选择一般要求厚度≥15cm，高度 1.5～2m。其尺寸计算公式如下：

$$A_{pad}=Q/v_{pad} \quad (3)$$

式中，A_{pad} 为湿帘面积，Q 为风机通风量，v_{pad} 为过帘风速。考虑到湿帘的换热效率、阻力损失等，由湿帘生产厂家或设计单位给出过帘风速，一般为 0.5～1.5m/s。对于上述鹅舍，湿帘面积取 $38m^2$，或按照经验，每台风机配 $7m^2$ 湿帘。

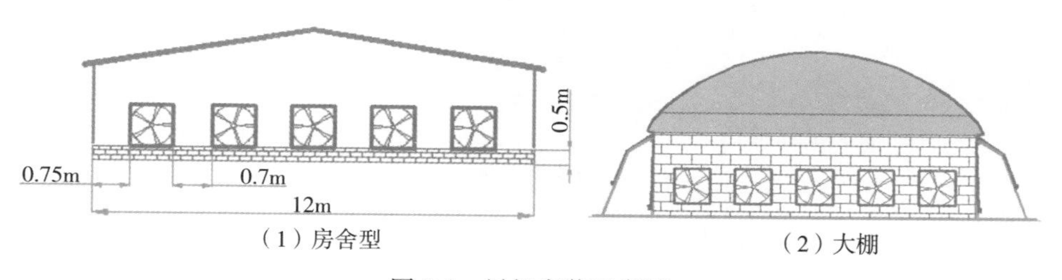

（1）房舍型　（2）大棚

图 2-9　风机安装示意图

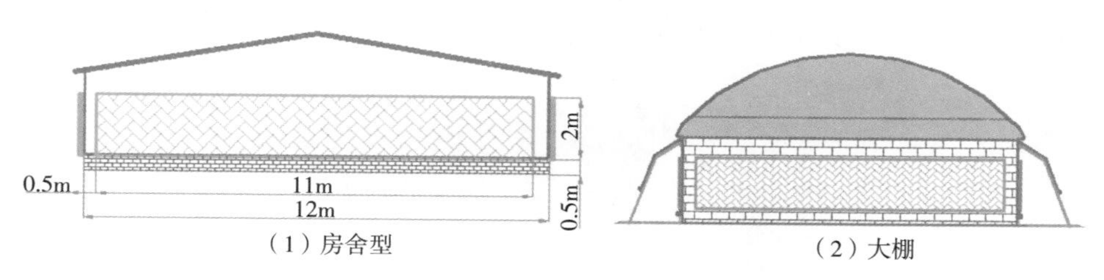

（1）房舍型　（2）大棚

图 2-10　湿帘安装示意图

三、种鹅舍附属降温设施及措施

除以上鹅舍内通风降温设计外，还可以通过一些其他辅助措施进行夏季降温。

1. 遮阳棚或遮阳网 如果鹅舍周围没有高大的树荫，可在鹅舍外运动场搭建遮阳棚或铺设遮阳网（图 2-11）。遮阳棚可采用钢架结构，棚顶采用“人”字形斜坡结构，铺设隔温材料。也可以在舍运动场四周架设水泥立柱，铺设黑色遮阳网。

2. 种植绿植 在鹅舍周围种植葡萄、丝瓜或南瓜等攀缘植物，让藤蔓爬满墙壁、房顶，可以减少太阳辐射热；或在运动场周围种植 1～2 行遮荫林，遮荫林多选枝叶开阔、生长势强、冬季落叶后枝条稀疏的树种，如杨树、槐树、枫树等。

（1）运动场遮阳网

（2）运动场遮阳棚

图 2-11 运动场夏季降温辅助措施

3. 舍内安装气流导流装置 为进一步提高鹅舍内通风降温效率，还可在鹅舍内顶部安装气流导流装置（图 2-12）。该装置通过提高鹅生活空间的气流速度及气流均匀性从而将通风降温效率提高

图 2-12 安装气流导流装置的环控种鹅舍

70%左右。更重要的是，通过安装气流导流装置，可以将更多新鲜凉风导向鹅只活动空间，有利于稀释舍内鹅只或其粪便散发的病原和有害气体，从而显著降低空气中细菌（图2-13）和有害气体浓度，更好地提高鹅的福利健康水平和生产性能。

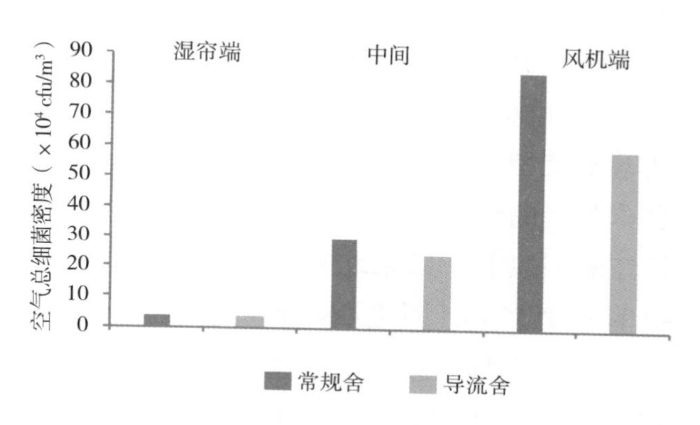

图2-13　气流导流对鹅舍空气总细菌密度的影响

第二节　种鹅繁殖的季节性光照调控

我国南北各地所养殖的30多个鹅种，包括地方品种、培育品种和国外引进的品种，都属于季节性繁殖家禽，其繁殖产蛋表现强烈的季节性规律分布特点，普遍在夏季进入非繁殖季节，停止产蛋。许多鹅种由于休产期漫长而严重制约产蛋性能，导致鹅苗生产成本居高不下，影响鹅产业的经济效益，也使商品肉鹅生产、屠宰加工和鹅肉消费都出现季节性断续，严重影响产业的可持续发展。因此，突破种鹅的季节性繁殖局限，实现在夏季非繁殖季节的正常或高效率生产，不仅可以通过生产高价值鹅苗提高养鹅业的经济效益，还可以通过持续为产业提供鹅苗而促进肉鹅业的全年均衡生产，从而促进养鹅业的可持续发展。

一、鹅繁殖季节性的分类及其影响因素

1. 鹅繁殖季节性分类

在我国华南至东北的广袤大地上，分布着近30个地方鹅品种，其繁殖产蛋均具有季节性分布规律，然而南北不同地区的鹅种所表现的繁殖季节性具有较大的差异，南北地区鹅种大致可以分为三个不同的季节性繁殖类型。

（1）春夏季产蛋的长日照繁殖鹅种　春夏季产蛋的长日照繁殖鹅种分布于长江流域以北，以东北籽鹅、新疆伊犁鹅和皖西白鹅为代表，其繁殖季节发生于日照逐渐延长的春夏季（图2-14）。除此之外，起源于灰雁的欧洲鹅种如爱姆登鹅、莱茵鹅、朗德鹅和匈牙利鹅种等，以及我国由鸿雁驯化而来的豁眼鹅等，均属于此种类型。

（2）秋季开产的长日照繁殖鹅种　秋季开产的长日照繁殖鹅种以分布于长江流域的扬州鹅（图2-14）为代表，其开产发生于秋季日照缩短之时，但繁殖产蛋高峰期发生于春季日照延长之时，而在日照更为延长的初夏休产。

（3）短日照繁殖鹅种　短日照繁殖鹅种的代表有位于亚热带区域（北纬22°～25°）的广东马岗鹅，产蛋在7月日照缩短时开始、高峰期出现在11月到次年1月日照最短时，并且在3月日照超过12h时结束（图2-14）。

2. 影响种鹅繁殖节律的因素及其调节　在我国养殖的家鹅品种，最初都由野生大雁驯化而来。野生大雁属于候鸟，在春季日照延长之际于北纬40°～50°的北方草原繁殖产蛋孵雏，充分利用春夏季良好的温热条件和饲草资源繁育雏雁，使之长成后在秋季能够长途南飞至北纬30°左右的长江流域越冬。然而，野生大雁在夏季进入非繁殖季节，其生物学意义是避免繁殖出生过迟的雏鸟及所导致的秋冬季尚未成长而不能南飞、不能生存的问题。这种在夏季休产的习性，至今仍然保留于经过几千年人工养殖的家鹅，造成了夏季缺乏鹅苗生产及商品肉鹅生产的季节性停顿。

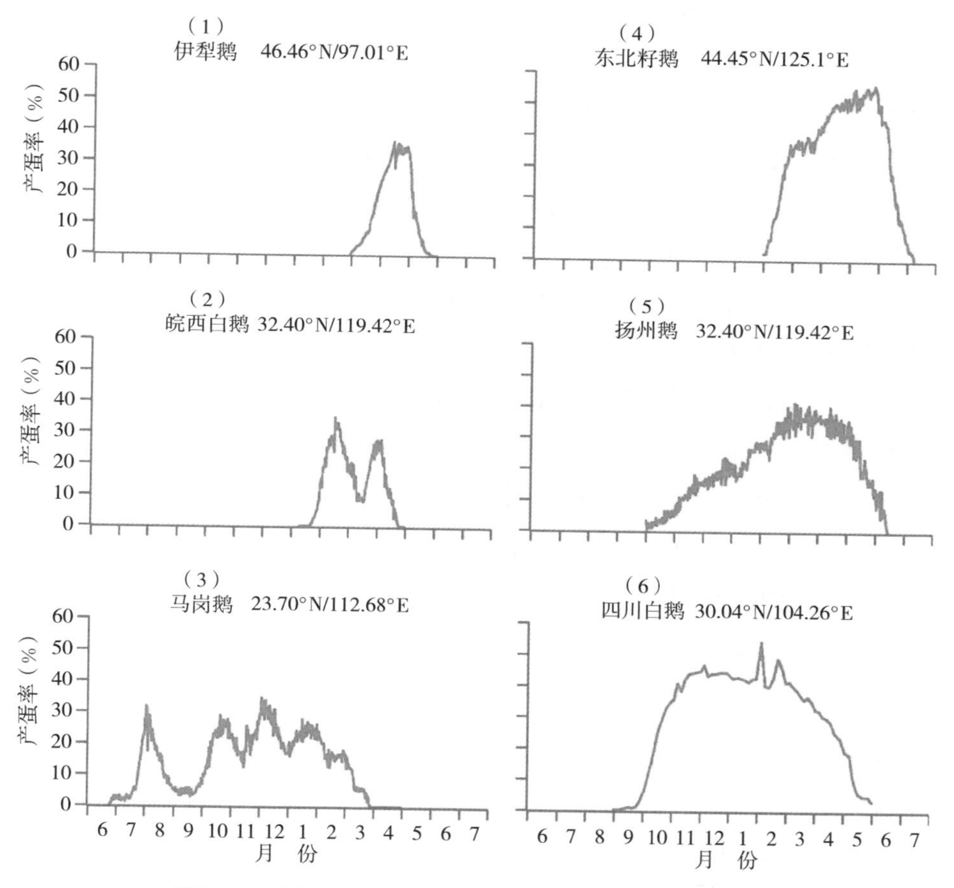

图 2-14 我国南北鹅种的全年产蛋率季节性分布变化趋势

注：北方较高纬度的伊犁鹅（1）和东北籽鹅（4）以及中部地区的皖西白鹅（2）属于春节产蛋的长日照繁殖鹅种；中部的扬州鹅（5）是秋季开产的长日照繁殖鹅种；广东马岗鹅（3）和四川白鹅（6）都是短日照繁殖鹅种（数据来自全国各地的大群体种鹅生产记录）。

（资料来源：郭彬彬 等，2020）

家鹅中繁殖性能低下的皖西白鹅原产于北纬 30°附近的长江流域，在冬季并不繁殖。皖西白鹅因其遗传决定的繁殖性能较低，产蛋仅发生在长日照的春季。但经过选育，产蛋性能较高的四川白

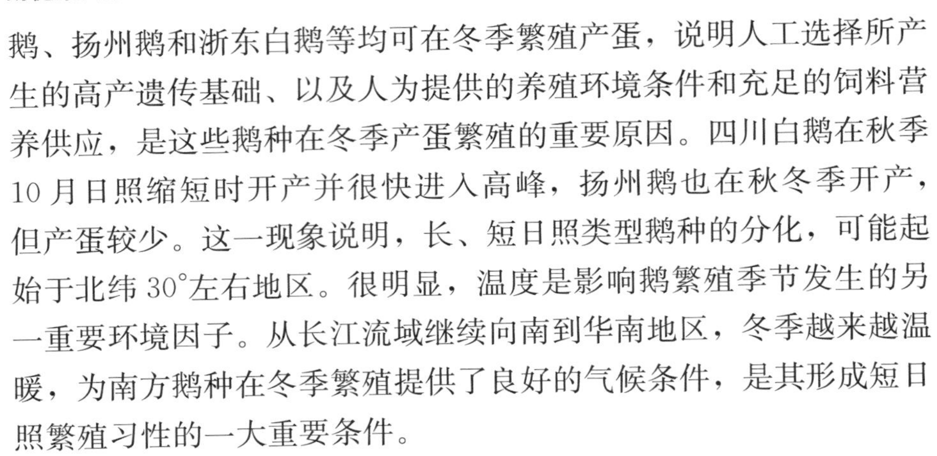

鹅、扬州鹅和浙东白鹅等均可在冬季繁殖产蛋，说明人工选择所产生的高产遗传基础、以及人为提供的养殖环境条件和充足的饲料营养供应，是这些鹅种在冬季产蛋繁殖的重要原因。四川白鹅在秋季10月日照缩短时开产并很快进入高峰，扬州鹅也在秋冬季开产，但产蛋较少。这一现象说明，长、短日照类型鹅种的分化，可能起始于北纬30°左右地区。很明显，温度是影响鹅繁殖季节发生的另一重要环境因子。从长江流域继续向南到华南地区，冬季越来越温暖，为南方鹅种在冬季繁殖提供了良好的气候条件，是其形成短日照繁殖习性的一大重要条件。

此外，南北不同地区各鹅种，除了长、短日照类型的繁殖季节有差别外，北方鹅种产蛋性能明显高于南方鹅种，南方鹅种的繁殖季节则更为延长。除了对产蛋性能进行选育造成北方鹅种有较高的产蛋性能外，北方全年更大的四季光照变化幅度或其速率，也可能是促进北方鹅种产蛋更多或者繁殖更为活跃的原因。北方高纬度地区的日照变化幅度较大、速率较快，对繁殖活动变化的调控动力更强，使性腺发育更加充分旺盛，也使光钝化效应造成的性腺退化发生得更迟，这将促使北方鹅种具有更高的产蛋性能。南方低纬区光照变化幅度小，变化速率也慢，对季节性繁殖活动的促进和终止的动力较低，虽然产蛋季节持续时间较长，南方鹅种的产蛋性能还是较低。

另外，从北向南，各地鹅种的繁殖产蛋季节发生得越来越早，即开产和休产的时间都越向南越早。这一现象不仅发生在图2-14所列出的我国各地方鹅种，而且也发生在从国外引进的朗德鹅。朗德鹅在被引进到北方（山东潍坊）、中部（湖北孝感）和南方（广东化州）等地，繁殖产蛋季节亦表现为在北方较为集中，到中部和南方更为延长，南方的高峰产蛋率比北方更低，如鹅在南方，产蛋率明显出现高峰之间的低谷现象（图2-15）；从北向南，鹅的产蛋季节也表现出越来越提前的趋势（图2-15），更加说明南北方的全年日照变化规律，会影响到鹅繁殖季节的发生时间、季节的长短和产蛋性能高低或活跃程度。

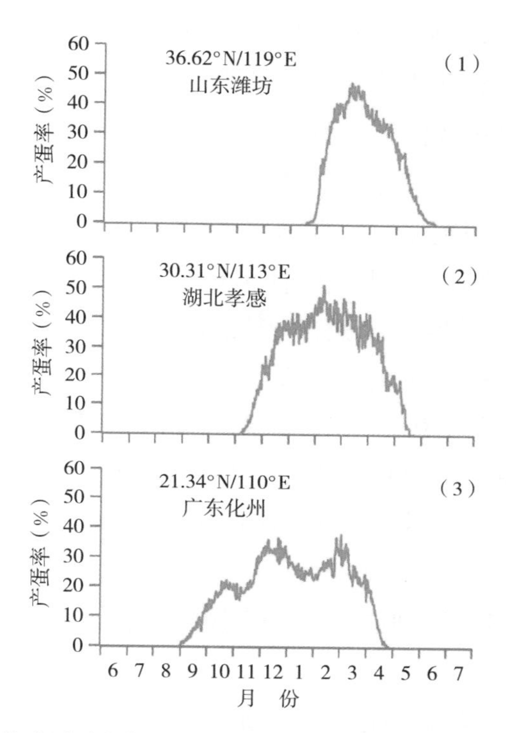

图 2-15　自然光照下北方、中部和南方朗德鹅的产蛋率季节性变化曲线
（1）山东省潍坊市（670 只）　（2）湖北省孝感市（350 只）　（3）广东省化州市（1 200 只）
（资料来源：郭彬彬 等，2020）

二、反季节繁殖生产的光照调控技术

（一）光信号调控繁殖的神经内分泌机制

包括鹅在内的季节性繁殖动物，其机体内部的生物钟以节律性的方式调控各生理活动。外部的昼夜光信号变化则可以调节该生物节律。光可以穿透脑颅直接作用于丘脑的深脑光感受器发挥作用。光感受器产生的化学信号影响下丘脑的神经内分泌细胞，调控下丘

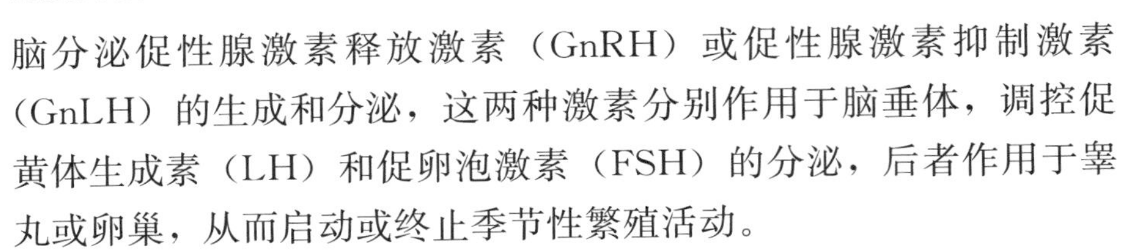

脑分泌促性腺激素释放激素（GnRH）或促性腺激素抑制激素（GnLH）的生成和分泌，这两种激素分别作用于脑垂体，调控促黄体生成素（LH）和促卵泡激素（FSH）的分泌，后者作用于睾丸或卵巢，从而启动或终止季节性繁殖活动。

四季日照以正弦曲线波动变化，从冬至开始日照逐渐延长，促进长日照动物进入繁殖季节（如东北籽鹅）；相反，广东马岗鹅则在夏至之后日照缩短之时启动繁殖活动。然而对于长日照繁殖鹅种如皖西白鹅和伊犁鹅，日照在春季延长至15～16 h时即终止产蛋活动。这种原本是促进繁殖的光照变化，最终转变为抑制繁殖活动，此种现象被称为光钝化效应。开产更迟的东北籽鹅，其对长日照的光钝化效应发生在6—7月。光钝化效应的发生，在繁殖季节后期可以加快速性腺的退化，以终止繁殖季节，其生物学意义即避免上述导致雏鸟出生过迟及在秋冬季尚未成长而不能南飞越冬的问题。

（二）鹅反季节繁殖生产的光照调控技术

视频1

发展现代化肉鹅产业需要保证生产的全年均衡可持续，但鹅的季节性产蛋问题造成了雏鹅供应的季节性中断而成为产业发展的障碍。生产中可以根据南北方鹅种的繁殖季节性特点，针对性地应用光照程序，调节鹅的繁殖活动，使之摆脱自然光照的影响，依生产计划适时启动种鹅的开产期。由于当前大部分种鹅仍在夏季休产，因此，夏季的鹅苗短缺及导致的价格飞涨，决定了种鹅在夏季的反季节繁殖生产属于暴利作业，也是各地种鹅生产者所热衷采用的技术。

1. 南方鹅种的反季节繁殖技术　对于广东短日照繁殖的马岗鹅，其反季节繁殖所需要的光照程序较为简单。在冬季延长光照，例如，12月至1月中旬左右在夜间给予鹅人工光照（强度为50～80

lx)，加上在白天所接受的自然光照，使一天内鹅经历的总光照时数达到 18h。该长光照能够抑制鹅垂体分泌促黄体生成素（LH），同时促进垂体分泌催乳素（PRL），促进鹅繁殖活动在冬季提前退化，其性腺会长时间处于萎缩状态，繁殖活动受到充分抑制。这好比使繁殖系统整体处于休整状态，即进入养精蓄锐的调整阶段。

当鹅在接受长光照处理至少 75d 之后，整个繁殖系统将会对短光照重新敏感。因此，当在春季 4 月份前后将光照从每天 18 h 缩短为每天 11 h 之后，即可重新促进 LH 分泌、抑制 PRL 分泌，从而促进性腺重新发育，使鹅在经受 11 h 短光照处理的 1 个月内即重新开产。如图 2-16 所示，在夏秋季将光照控制在每天 11 h，不仅可以使马岗鹅表现为良好的产蛋率和种蛋受精率，而且还可以通过延长产蛋时间、缩短休产期，将全年总产蛋性能大幅提高 30%以上。

经过春夏季的反季节繁殖后，在秋冬季重新开始新一轮光照处理程序，即将光照从产蛋期的 11 h 延长至 18 h，可以诱导鹅进入

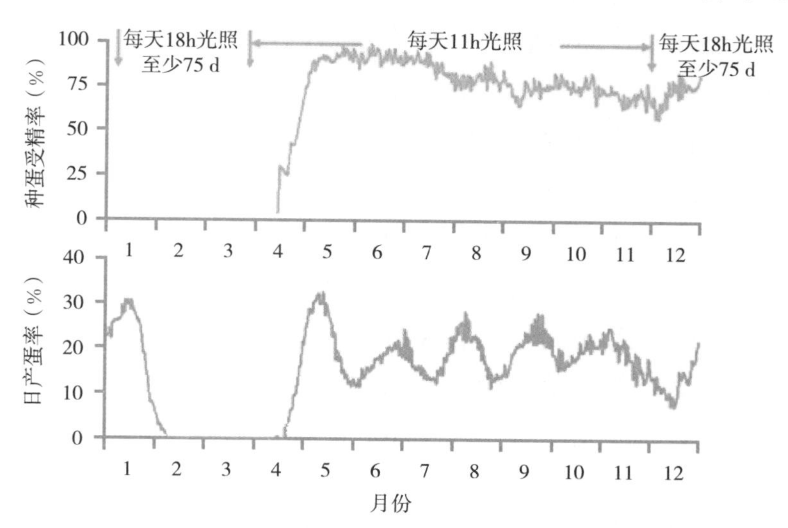

图 2-16 马岗鹅的反季节繁殖人工光照程序及处理后的繁殖性能效果

注：大群鹅产蛋性能平均达到 54 枚蛋，比常规的 35～40 枚蛋提高 35%以上。在冬季鹅苗价格下降时，采用长光照使鹅休产，避免经济损失，同时也是夏季反季节繁殖的开始时机。

（资料来源：郭彬彬 等，2020）

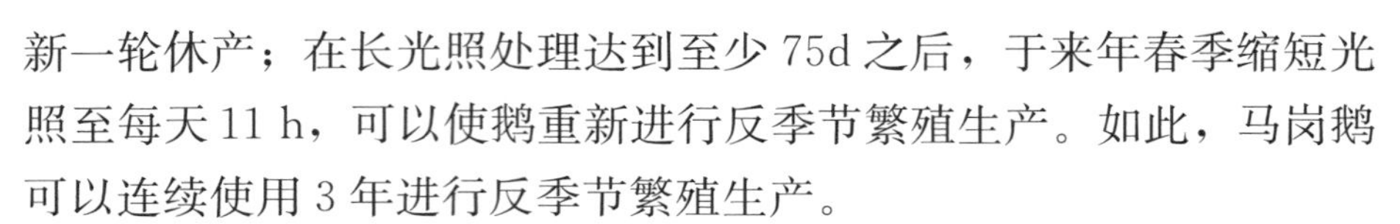

新一轮休产；在长光照处理达到至少 75d 之后，于来年春季缩短光照至每天 11 h，可以使鹅重新进行反季节繁殖生产。如此，马岗鹅可以连续使用 3 年进行反季节繁殖生产。

2. 北方鹅种的反季节繁殖技术 北方鹅种属于长日照繁殖动物，需要采用从短日照延长的光照处理，才能启动其繁殖活动，使之进入产蛋季节。因此在 1 月开始将光照缩短到 8 h，可以在冬季抑制扬州鹅的繁殖活动并诱导换羽；经过 2 个月之后，再将光照从 8 h 延长到 11～12 h，即可促进种鹅在 5 月开产，并在夏秋季反季节繁殖，而且经此处理的扬州鹅的产蛋曲线表现出与其自然光照下的曲线完全不同的模式（图 2-17）。经过此种简单的从短延长的光照程序处理后，扬州鹅在反季节繁殖阶段的产蛋量仅有 40 多个（图 2-17 左图）。

采用一个三阶段光照程序处理，即在冬季 12 月份先给予每天 18h 的长光照处理，经过 1 个月之后，再继续采用上述简单的从短延长的光照程序，即可以将反季节繁殖的产蛋量提高至 50 个以上（图 2-17 中图）。研究表示，前期 18 h 的长光照处理，通过上调产蛋期的垂体促性腺激素 FSH 和 LH 的基因表达，提高了反季节繁殖的产蛋性能。如果将反季节繁殖时期的光照从 12 h 改为 11 h ，则还可以在产蛋期下调垂体 PRL 的基因表达，抑制 PRL 分泌，从而推迟对长光照的钝化效应，进一步延长产蛋高峰期，将反季节繁殖的产蛋量提高至 70 ～75 个（图 2-17 右图）。采用此光照程序进行扬州鹅的反季节繁殖生产，可以使每只母鹅年产鹅苗 55 个以上，销售市值达到 600 元左右，全年净利润则达到 300 元以上，为常规自然繁殖生产的 5～6 倍。

3. 南北鹅种的高效杂交技术 北方鹅种以产蛋性能高著名，但生长性能不足；南方品种体型大、生长快，但繁殖性能较低下。现代养鹅业发展需要通过杂交的手段综合南北方鹅种的优势，避免相互的不足，才能进一步提高生产性能和经济效益。自然光照下南

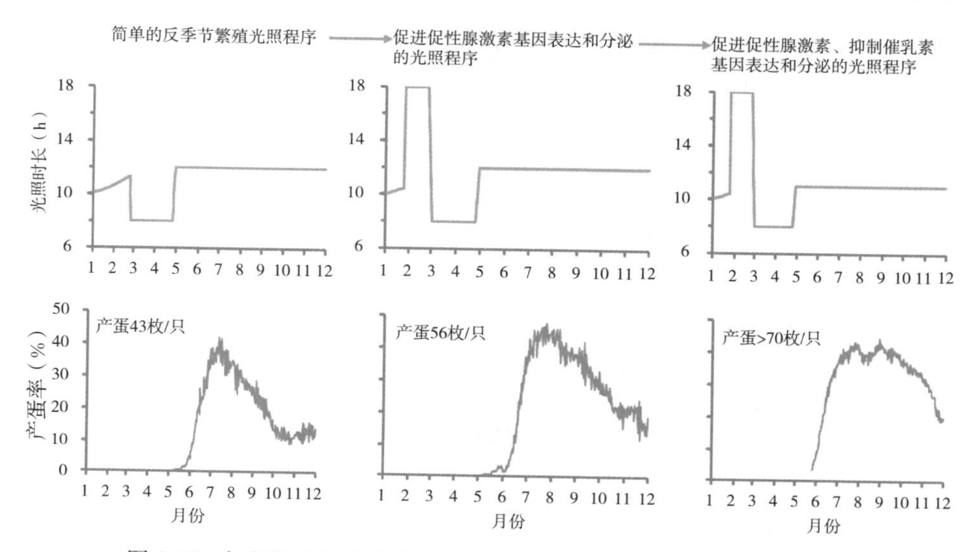

图 2-17　扬州鹅的反季节繁殖人工光照程序及处理后的繁殖性能效果

注：采用光照处理可调节扬州鹅的激素基因表达和分泌，从而形成不同的产蛋性能，最终使夏秋季反季节繁殖的产蛋性能比常规生产提高 30%以上，达到 70～75 枚蛋。

（资料来源：郭彬彬　等，2020）

北方鹅种因繁殖季节的差异，活动难以同步化，表现为公母鹅仅能在同时表现繁殖活动的较短时间内交配（图 2-18），或者即使季节性相同，但繁殖活动变化规律有差异（图 2-19 左图），导致鹅种间杂交效率低下，所产受精种蛋数量较少，鹅苗生产量低下，鹅苗生产成本高，杂交利用的经济效益差。如果用光照调控扬州鹅的产蛋

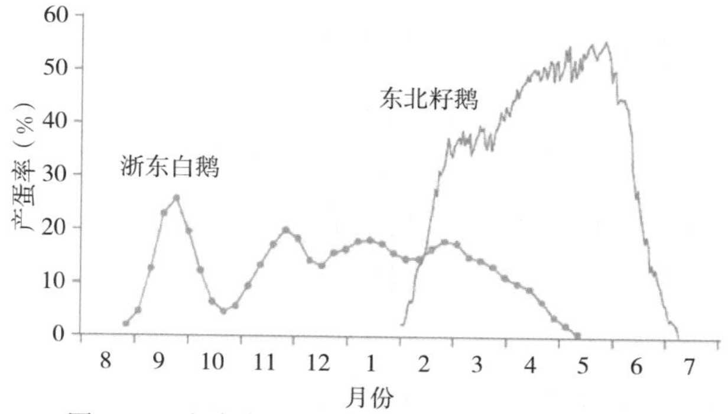

图 2-18　浙东白鹅和东北籽鹅的季节性产蛋分布

注：浙东白鹅属于短日照产蛋，而东北籽鹅为春季产蛋的长日照类型。自然光照下，两鹅种在不同的季节繁殖，杂交效率较低。

曲线，使之与四川白鹅的产蛋率变化曲线高度吻合或同步化（图 2-19 右图），则以此两曲线所计算的杂交效率即达到 82.6%。

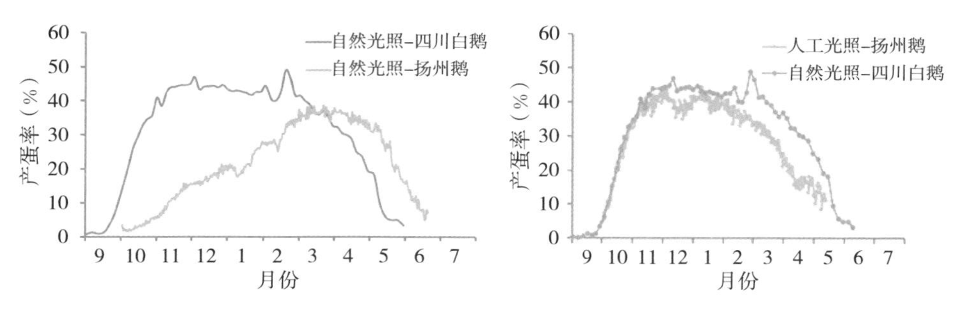

图 2-19　自然光照下四川白鹅与扬州鹅的季节性产蛋曲线

注：两个鹅种具有相类似的产蛋季节性，但四川白鹅属于短日照繁殖，扬州鹅为长日照繁殖，其繁殖活跃程度仍然不同步，杂交效率仅有 56.9%（左图）；人工光照改变了扬州鹅的繁殖活动，使之与四川白鹅同步，杂交效率提高至 83.6%（右图）。

采用人工光照分别处理长、短日照的公母鹅，通过不同的光照程序分别调节公母鹅的繁殖活动，使之在相同的时间同步启动繁殖活动，同时进入繁殖状态或季节，则有望使之高效率交配繁殖，提高杂交生产的效率（图 2-20）。

例如，需要利用南方的马岗鹅公鹅与北方的扬州鹅母鹅进行杂交时，可以先用南方短日照鹅种的反季节繁殖光照程序处理马岗鹅公鹅，即于冬季采用 18 h 长光照，共处理 75～90 d，然后在春夏季将光照缩短至 11 h 的短光照。同时，采用适用于北方长日照鹅种的反季节繁殖光照程序处理扬州鹅母鹅，于冬季应用 18 h 的长光照处理 30 d 之后，再将光照缩短至 8 h，共处理 60 d，然后在春夏季应用 11 h 的短光照处理。通过协调两种反季节繁殖的光照程序，使马岗鹅公鹅和扬州鹅母鹅于春夏季 4 月同时启动繁殖活动之时混群，并应用 11 h 的短光照处理，即可以实现南北鹅种的高效杂交及反季节繁殖生产。

应用同样的原理和技术，还可以在高效杂交生产 F_1 代杂交鹅的基础上，进一步利用 F_1 代与父本回交，则可生产体型外貌与父本相似的 F_2 代商品鹅。采用此种杂交结合反季节繁殖生产 F_1 代或

F_2代商品肉鹅，可以最大限度地提高种鹅生产的经济效益。

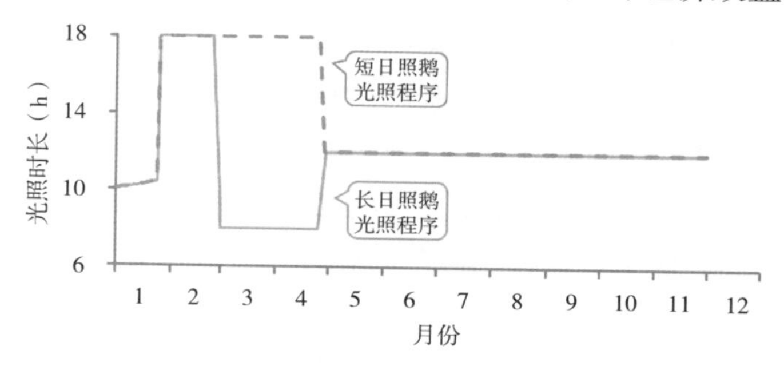

图 2-20　长、短日照鹅种的高效杂交、反季节繁殖生产光照调控程序

第三节　反季节繁殖种鹅生产环境控制

一、鹅舍夏季温度调控

视频 2

鹅是恒温动物，羽绒丰满，绒羽含量较多；皮下有脂肪而无皮脂腺，所以耐寒而较不耐热，对高温较为敏感。母鹅产蛋的适宜温度是 8～25℃，公鹅产壮精的适宜温度是 10～25℃。因此，反季节繁殖鹅舍除了满足基本生产和光照控制需求外，还要具备良好的防暑降温功能，以适应夏季繁殖高峰。

通常鹅舍内的热量来源主要有鹅只产生的显热和潜热、太阳辐射经屋面和墙壁传导的热量及壁面渗透热量。因此，夏季热应激的防控，可以从舍顶、四周防护材料的选择，鹅的密度控制，风机湿帘降温等方面进行。此外，还可以通过在运动场种植绿植、架设遮阳网等辅助设置来进行夏季热应激防控。

（一）舍顶及四周防护材料的选择

鹅舍建筑涉及固定资产投资，将直接影响种鹅养殖项目的财务内部收益率和投资回收期。因此，鹅舍设计选材在满足良好保温隔

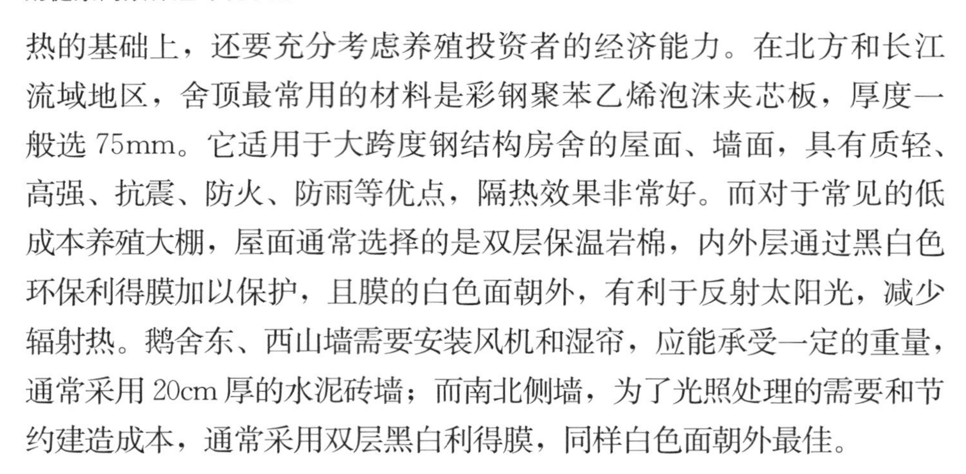

热的基础上，还要充分考虑养殖投资者的经济能力。在北方和长江流域地区，舍顶最常用的材料是彩钢聚苯乙烯泡沫夹芯板，厚度一般选 75mm。它适用于大跨度钢结构房舍的屋面、墙面，具有质轻、高强、抗震、防火、防雨等优点，隔热效果非常好。而对于常见的低成本养殖大棚，屋面通常选择的是双层保温岩棉，内外层通过黑白色环保利得膜加以保护，且膜的白色面朝外，有利于反射太阳光，减少辐射热。鹅舍东、西山墙需要安装风机和湿帘，应能承受一定的重量，通常采用 20cm 厚的水泥砖墙；而南北侧墙，为了光照处理的需要和节约建造成本，通常采用双层黑白利得膜，同样白色面朝外最佳。

（二）种鹅密度控制

鹅只产生的热量分潜热和显热两部分。显热是动物通过辐射、传导和对流的方法向周围环境散放的热量。而潜热是动物通过自身皮肤和呼吸道蒸发水分所散放的热量。无论何种热量，都与鹅的密度及体型大小有关，因此，要对此施以严格控制。小型鹅种，如太湖鹅、乌棕鹅、籽鹅等，适宜养殖密度为 4 只/m^2；中型鹅种，如浙东白鹅、皖西白鹅等，适宜养殖密度为 3 只/m^2；而大型鹅种，如狮头鹅等，则控制在 2.5 只/m^2 为宜。

（三）风机-湿帘通风降温控制

为防止热应激及母鹅产蛋性能和种蛋受精率的下降，需要对鹅进行降温处理。一般在 8：00—9：00 气温升至 30℃时将公母鹅关闭于鹅舍内，然后开启风机和湿帘，使鹅舍内气温降低至 30℃左右直至傍晚 17：00—18：00，然后将鹅释放至运动场上。建造现代化环境控制鹅舍，可以很好地使鹅只避免发生热应激，从而保持采食量、产蛋性能和种蛋受精率。

位于广东地区的环控种鹅舍，应用风机-湿帘进行降温，中午外界气温高达40℃时，舍内温度靠近湿帘端能降至30℃左右，凉风在舍内穿行，经过鹅只到达风机端时，温度逐渐升至36℃左右，然后被排出舍外（图 2-21）。在这样的舒适环境下，鹅表现出良好的产蛋性能、种蛋受精率和孵化率。

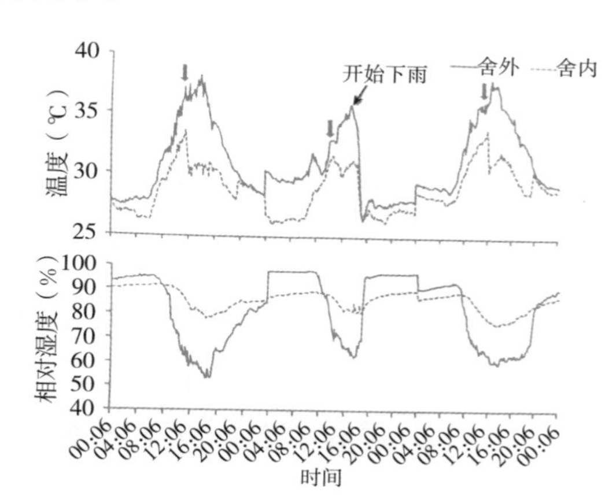

图 2-21　广东地区反季节生产温控鹅舍在夏季炎热时舍内外温湿度变化趋势

注：左图为广东地区环控高床种鹅舍环境控制现状，右图为采用风机-湿帘的降温效果。

位于安徽全椒的大棚式环控种鹅舍、江苏常州地区的房舍式环控种鹅舍（图 2-22 左图、图 2-24 左图），在夏季炎热时期每天将种鹅集中于舍内，同时开启风机负压通风和启用湿帘降温，可

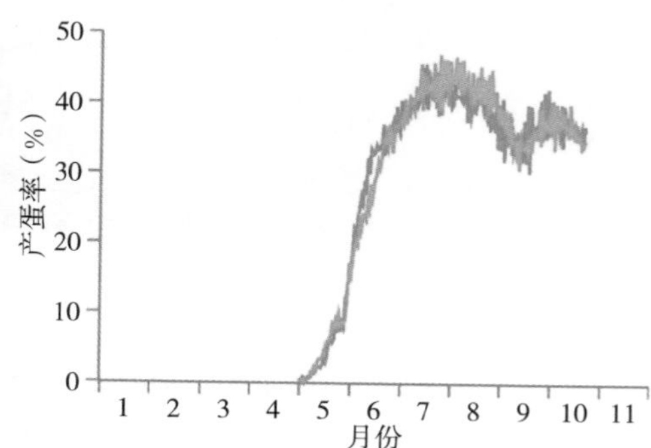

图 2-22　安徽大棚型高床架养环控种鹅舍中扬州鹅的产蛋率曲线

注：左图为大棚式高床架养环控种鹅舍，右图为采用这种环控鹅舍扬州鹅的产蛋率。

以将外界高达40～43℃的气温降低至舍内的28～35℃（图2-23和图2-25）。此温度范围仍属于种鹅能够忍受范围之内，其反季节繁殖的高峰产蛋性能（图2-22右图和图2-24右图）在此时仅稍受影响。

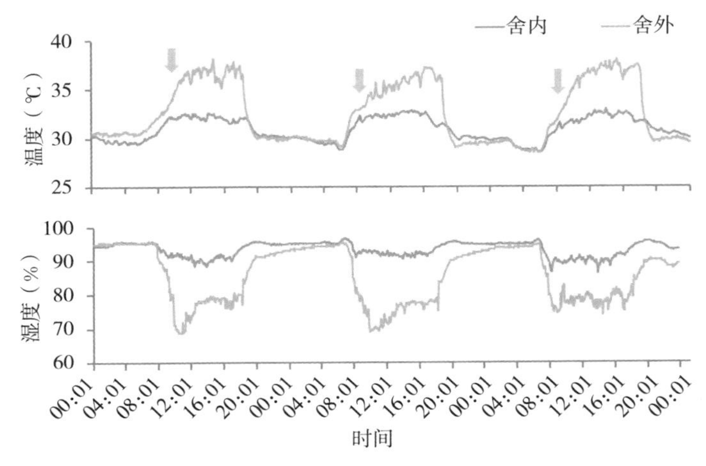

图2-23　安徽地区大棚型高床架养环控种鹅舍夏季舍内外温湿度

图2-24　江苏地区房舍型环控鹅舍中不同年龄种鹅产蛋曲线

注：左图为房舍型环控种鹅舍，右图为采用这种环控种鹅舍扬州鹅的产蛋率。

为增加风机-湿帘通风降温效率，可在舍顶安装导流板垂直或倾斜于垂直面60°的导流装置（图2-26）。该装置使得舍内平均温度

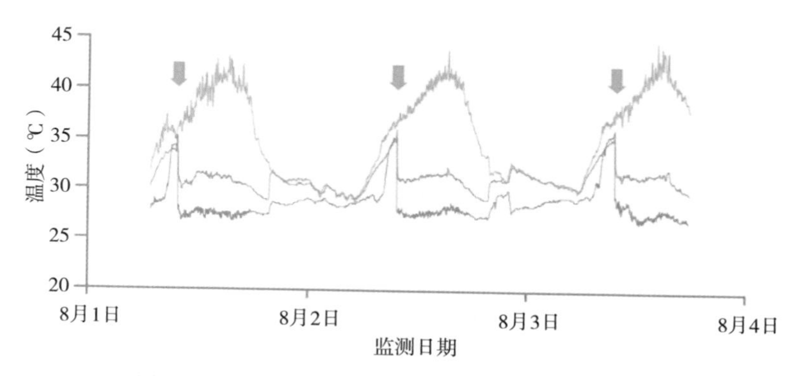

图 2-25　江苏地区房舍型环控鹅舍夏季舍内外温度

降低 0.2℃左右（图 2-27），且由于风速提高，显著降低了鹅体感温度。

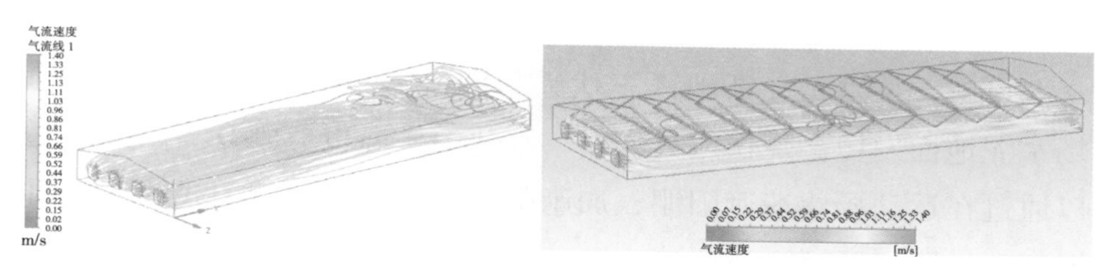

图 2-26　导流膜添加前（左）后（右）气流流线对比

图 2-27　安装了导流膜的鹅舍（箭头处为黑色导流膜）

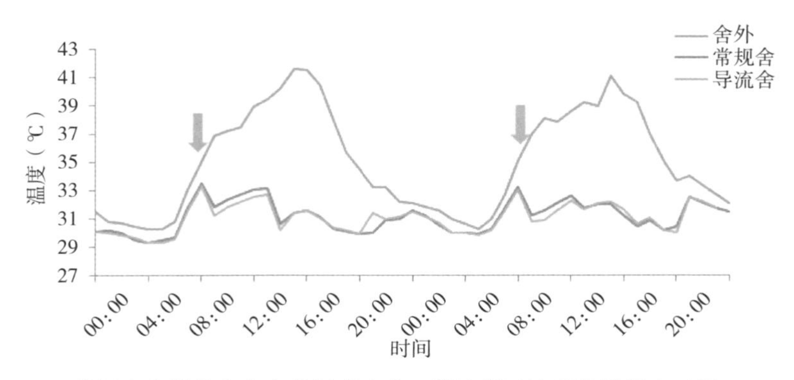

图 2-28　常规舍和导流舍舍内外温度变化，箭头所示为开风机湿帘时间

(四)其他温度控制措施

夏季，特别是江浙地区三伏天午间气温达到 40℃以上，运动场水泥地面发烫会烧伤鹅只脚蹼，水池中水温也急剧升高。此时可以通过在运动场建造遮阳棚、加遮阳网或种植绿植的方式降低地面温度（见第二章第一节所述）。

视频 3

二、载鹅水体有害菌污染控制

华南地区种鹅生产目前仍然是依赖小型水库或鱼塘等水体开展，形成“鹅-鱼”综合生产模式，鹅的粪便作为鱼类饲料实现物质循环，不仅降低养鱼生产的成本投入，也大幅降低了水禽生产场地的建设成本。由于种鹅反季节繁殖生产带来的巨大经济效益，导致“鹅-鱼”综合生产的规模不断扩大，而水体的面积和容量却不易相应扩大，过多的粪便被排泄到载鹅水体不仅会造成水质恶化，产生的细菌和细菌毒素也会严重影响鹅只的健康和生产性能。

图 2-29 显示了三个不同规模种鹅群体所产种蛋的受精率的案例。其中，A 群体仅有 350 只种鹅，在反季节繁殖生产期间种蛋受

精率前后均达到 80%以上。B 群体也在同一鹅场，采用同样养殖方法，但群体数量为 800～900 只，在反季节繁殖生产开始后，前期种蛋受精率超过 90%，夏季至秋季逐渐降低，但仍然高于 70%，全期种蛋平均受精率为 79.6%。C 群体为接近 2 000 只的群体，春夏季所产种蛋受精率低于 60%，秋季重新开产后的种蛋受精率也低于 90%。另一个以“鹅-鱼”生产方式养殖朗德鹅群的案例中，由于大量鹅粪被直接冲入水体喂鱼，在反季节繁殖生产期间的种蛋受精率一直低于 80%，夏季受精率、孵化率通常为 60%～70%，秋冬季却不断上升达到 80%以上。

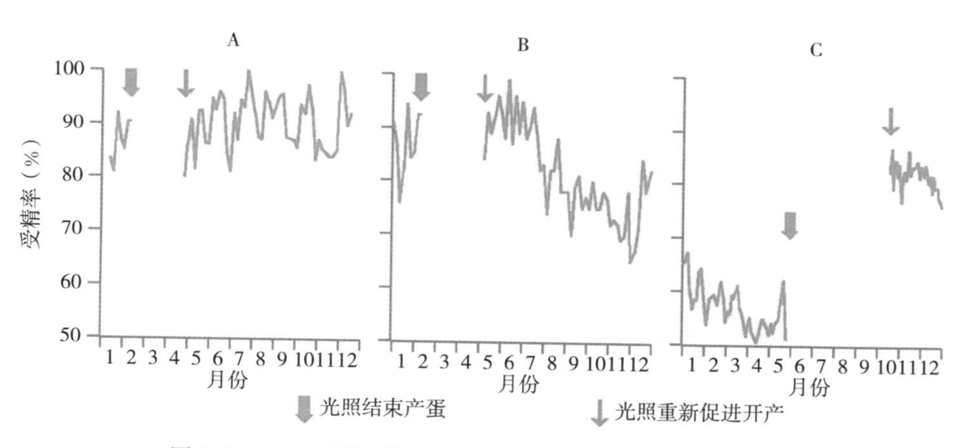

图 2-29　三个不同群体大小种鹅群所产蛋的受精率变化情况

注：粗箭头代表人工光照处理后休产，细箭头代表重新开产。三群鹅因种蛋受精率严重低下，夏季重新采用光照使之休产且于秋季 10 月重新开产。

（资料来源：施振旦 等，2011）

这些研究案例说明，水面载鹅群体密度过高时，鹅群将向水体排泄更多粪尿和肠道有害细菌（如大肠杆菌和沙门氏菌等），一方面造成水体的富营养化，提高水体氮磷等营养物质浓度，另一方面有害菌在水中仍然利用源自粪便的氮磷等营养物质生长增殖，在炎热夏季水温较高时生长更旺盛。水体中大量的有害细菌在死亡后会释放大量细菌内毒素（LPS）并被摄入鹅血液，LPS 的脂溶性使其容易沉积在蛋黄和蛋清中，并在种蛋孵化过程中导致胚胎的死亡，直接导致受精率和孵化率的下降（图 2-30），甚至也会导致孵出的雏鹅活力不足、死亡率升高，或导致雏鹅早期采食量不足和早期生长缓慢等问题。在更为严重的水体细菌污染中，除了种蛋受精率和孵化率下降外，种鹅生殖道也在交配时极易发生大肠杆菌和沙门氏菌的污染，造成卵泡闭锁、腹腔和生殖道炎症及母鹅死亡等俗称为“蛋子瘟”的病症。

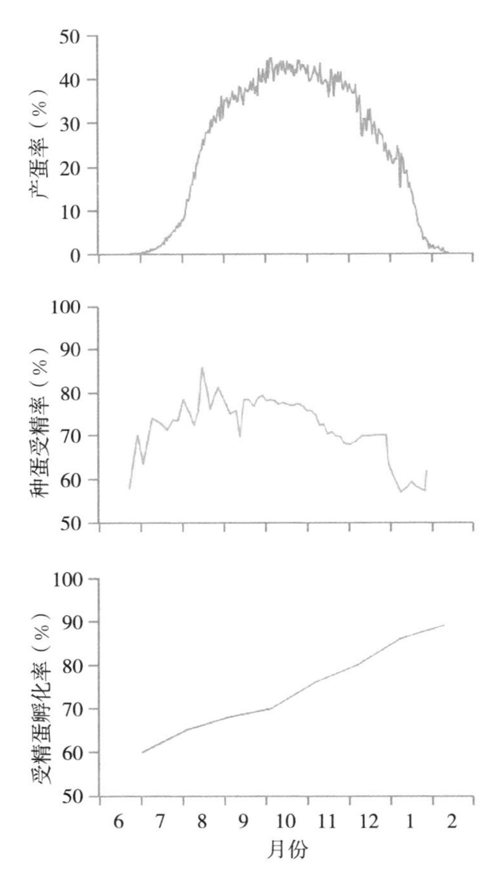

图 2-30　水体受鹅粪便污染降低鹅种蛋的受精率和孵化率

要避免或解决因载鹅密度过大造成的水体有害菌和内毒素污染，可采取以下措施。①控制好水面载鹅密度，适宜的密度为≤ 2 只/m^2，以降低水体中的粪便和有害肠道菌污染量。②要避免鹅潜水时钻咬塘底污泥及沾染其中的有害菌，保持载鹅水深度达到1.5m左右，并且在距塘基2m处架设围栏阻隔鹅与塘基接触。③在有充足清洁水源的条件下，需要经常更换塘水，以降低鹅池水中有害菌和毒素污染。在不影响鹅只活动的前提下，在水面上可用增氧机提高水体溶氧（图1-2)，也能起到降低有害菌和内毒素污染的作用。④在种鹅饲料中添加益生菌，同时直接向水面喷洒有益光合菌，可避免或降低水体有害菌及细菌内毒素的污染问题（图2-31和图2-32)。

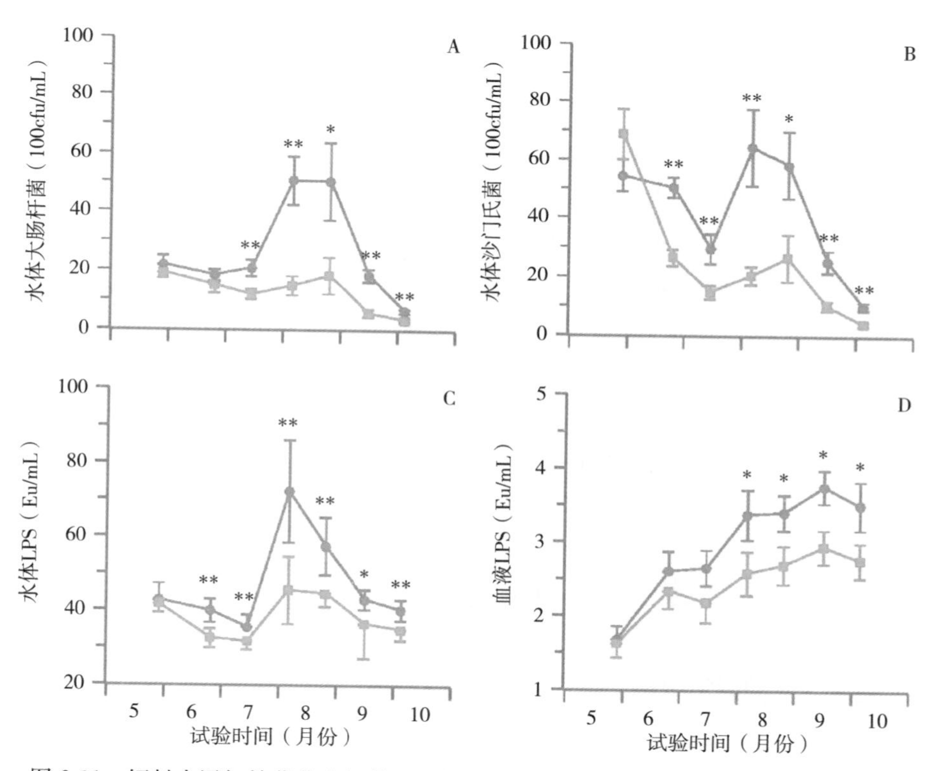

图2-31 饲料中添加枯草芽孢杆菌、水体中施用光合细菌后水体和血液细菌的变化情况

注：通过向饲料添加枯草芽孢杆菌，同时向水体定期施用光合细菌，可以显著降低水体中大肠杆菌（A)、沙门氏菌（B）和细菌内毒素LPS的浓度（C)，同时也显著降低种鹅血清中的LPS浓度（D)。圆标代表使用益生菌处理饲料和塘水的处理组，方标代表未使用益生菌处理饲料和塘水的对照组。* 表示两组数值差异显著（$^{*}P<0.05$，$^{**}P<0.01$）。

（资料来源：Yang等，2012）

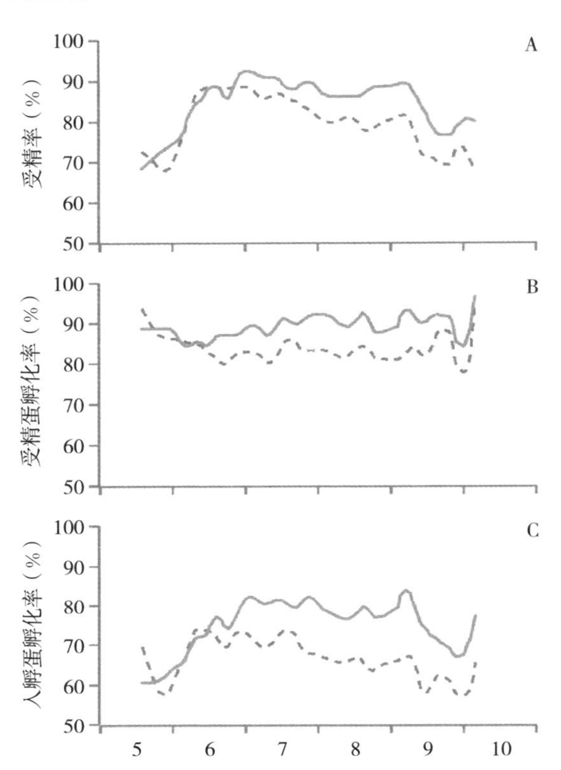

图 2-32　通过向饲料添加枯草芽孢杆菌及向水体定期应用光合细菌（实线），成功提高鹅种蛋受精率（A）、受精蛋孵化率（B）及入孵蛋孵化率（C）。虚线代表未处理的对照组数据。

（资料来源：Yang 等，2012）

第四节　孵化厅的环境调控

一、环境控制

为确保良好的孵化效果，孵化厅的温度以 25℃为宜，相对湿度控制在 50%～60%，这样的温湿度要求在春季和秋季很容易达到，但孵化厅面临的最大的环控问题是夏季超温和冬季寒冷，因此孵化厅要做好夏季降温和冬季保温工作。按照环控理念设计的思路可将孵化厅划分为三个独立的环境空间，即：恒温孵化空间、环控操作空间和废气排放空间。

恒温孵化空间是指两排孵化机的内部空间。每台孵化机内部由独立的工业控制系统控温控湿，通常加热方式为水暖加热，且具备完善的空气循环系统，新鲜空气由孵化机进风口进入，废气由孵化机顶部的排风系统直排到顶部废气空间，各系统配合使孵化机内部保持适宜的孵化环境和良好的胚胎发育条件。

环控操作空间是指两排孵化机之间的通道。此空间的温湿度环境尤为重要。夏季可安装空调机组、表面式冷却器或风机-湿帘等环控降温设备，保障空气处于低温（约 25°）、低湿的状态。为节约制冷成本，空调可设计专门的冷风通道（图 2-33），无须将整个环控操作空间降温，而应把空调冷风通过管道输送到一个局部封闭空间，待需要时直接将冷风输送到孵化机内部；而对于相对空间较大的操作间，则用风机-湿帘降温。

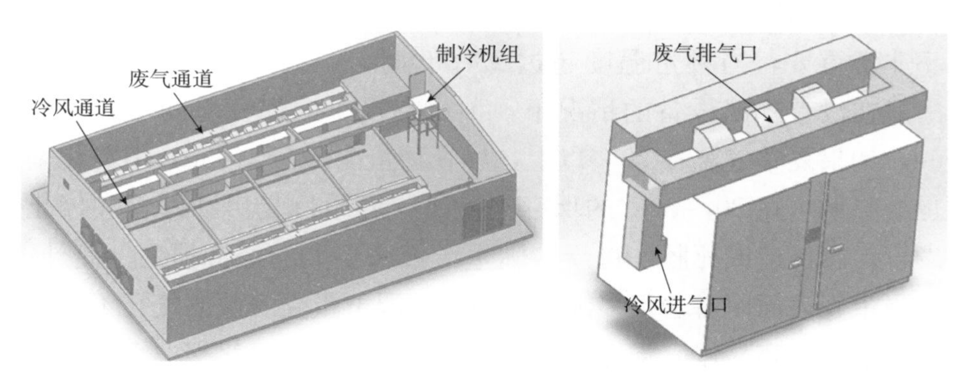

图 2-33　空调冷风通道（左图为冷风通道整体示意图，右图为局部放大图）

在寒冷的冬季，为避免局部温度过低和厅内氧气不足，通常采用水暖设备加热厅内空气、空调处理外界进入的新鲜空气的办法。除此之外，在孵化厅建筑设计时，屋顶彩钢瓦下要铺设保温隔热板，经济允许的话增加吊顶，且吊顶距离孵化机顶部距离不少于 0.5m，孵化厅外墙粉刷成白色且应表面光滑，孵化机背侧距离墙壁至少 1m。

孵化厅的通风设计是个不可忽略的因素，其设计的合理与否直接影响孵化率的高低。无论是孵化间，还是出雏间，其废气必须排出厅外，与此同时必须有外界的新鲜空气进入厅内加以补充。孵化机排出来的废气可由屋顶天窗自然排出（或由侧墙百叶窗排出），如果不能排到吊顶上，也可用排气管道通过侧墙直接排出去。若干台孵化机排出来的废气可以共用一个排气管道，在共用排气管道的适当位置加一排风扇，由排风扇直接排出。出雏机排出来的废气最好由排气管道排至与出雏间紧挨的一个绒毛收集装置里，从而避免绒毛污染鹅场周边环境，也有利于防疫控制。

二、提高孵化性能的环境控制技术

视频 4

提高鹅种蛋的孵化性能可以从蛋的贮存、孵化过程中的温湿度、翻蛋角度的控制多方面入手。种蛋保存的温度对受精率和出雏率非常重要，当种蛋温度超过 23.9℃时，胚胎即开始启动发育。一般在没有降温设备的情况下，种蛋在夏季的保存时间不宜超过 5d，如果夏季气温在 30℃以上，尽管种蛋能保存 2～3d，但孵化率也会降低。在 20～30℃的保存温度下，胚胎反复启动发育和停止发育，容易造成死胚，将给实际生产带来很大的经济损失。此外，种蛋蛋壳表面附着着很多细菌，高温高湿下蛋壳表面的气孔不能闭合，细菌很容易侵入蛋壳内部，污染种蛋，影响孵化率。因此，收集到的蛋应立即存放到蛋库，蛋库温度保持在 17～20℃，湿度控制在 45%～ 50%，且蛋的小头朝上最佳。种蛋孵化前需要保存一定时间，方能获得最高孵化水平，这是因为保存使蛋清发生一定液化分解，能更好地为胚胎发育供应养分和氧气。产蛋后保存 3～5d 的种蛋受精率和活胚率最高，存放时间超过 3～5d 会急剧降低活胚率。

种蛋入孵后，先进行甲醛熏蒸消毒，以消灭蛋表面细菌。由于鹅种蛋脂肪含量高，在孵化中后期由胚胎发育产生较多热量，而且鹅种蛋的胚胎体积和重量较大，如果相对运动过小，在重力的作用下容易出现胚胎与蛋壳膜粘连的情况。在孵化后期，可通过喷水凉蛋以及加大角度翻蛋来减少胚胎畸形等问题。孵化期间翻蛋能促进胚外膜发育，防止胚胎与内壳膜或尿囊绒毛膜粘连，减少胚胎死亡。因此，通常需要翻蛋，翻蛋频率为每隔 2h 一次，翻蛋角度为单侧 60°～70°，比传统的 45° 翻蛋方式孵化率提高 4%～5%，且能够促进胚胎发育，提高健雏率。采用大角度翻蛋孵化鹅种蛋（图 2-34），通过提高鹅苗生产数量和质量，可以将种鹅生产的经济效益提高 10%～15%（戴子淳 等，2017）。

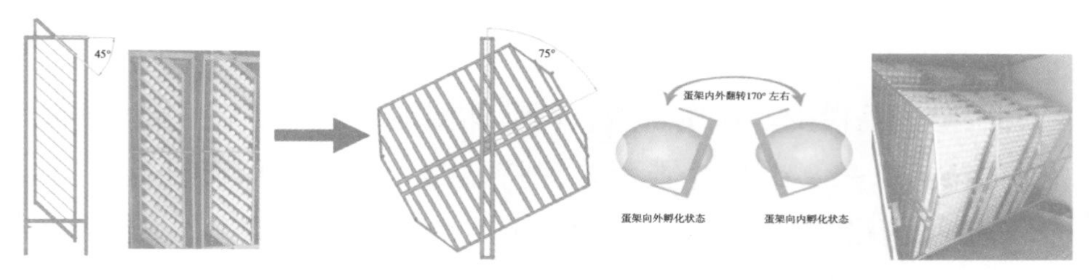

图 2-34　常规孵化机向新颖孵化机翻蛋方式的转变示意图

注：通过改造蛋架和蛋盘，将总翻蛋角度从传统的 90°（左）加大至 170°（右，翻动蛋架的 150°加上蛋在蛋盘上的 20°左右摆动）。

（资料来源：佛山任氏机械科技有限公司）

视频 5

第三章
雏鹅养殖的环境调控

第一节　环境控制要求总则

雏鹅绒毛稀少，体质娇嫩，调节体温能力差，冬春气温较低时需要保温 14～28 d 。育雏舍要保持温暖、干燥、保温性能良好，空气流通而无贼风。常规育雏舍每间以容纳 500～1 000 只雏鹅为宜，更大规模的育雏舍则需要应用保温、通风和传送带清粪等现代化设施设备，以保持舍内清洁卫生的环境，从而为雏鹅创造生长发育所需的良好条件。

一、育雏鹅舍及建设

（一）常规育雏舍

育雏鹅舍檐高 2～2.5m，内设天花板，以增加保温性能。窗与地面面积之比一般为 1∶（10～15），南窗离地面 60 ～70cm，设置气窗，便于空气调节；北窗面积为南窗的 1/3～1/2，离地面 1m 左右，所有窗户、下水道等通外的出口要装上铁丝网，以防兽害。

育雏舍的地面以水泥地面或砖铺为好，以便于清粪和消毒，并向一边略倾斜，以利排水和清洗。舍内建造育雏用高床，采用砖石水泥构件的结构床架，上铺塑料网；或者采用新型的可拆卸、高度可调节的硬塑料构件漏缝地板制作网床。网床离地面高度在 80～100cm，使雏鹅远离地面积粪及其散发的不良气体、有害菌和毒素等。育雏网床可以分隔为若干小间或栏圈，每间面积 2～3m²。在雏鹅幼小且天气寒冷时，在每栏网床 1/4 面积上铺设麻袋以起保暖作用（图 3-1），而杯式饮水器或饮水槽则放置于麻袋区域之外。网床上放养雏鹅的适宜密度见表 3-1。

图 3-1　育雏网床铺设麻袋保暖（左）及麻袋清洗后阳光下曝晒消毒（右）

表 3-1　不同周龄雏鹅的网床适宜放养密度（只/m²）

周　龄	密　度
1	20
2	15
3	10
4	7～8

育雏舍南向可设运动场和水浴池，以供晴天暖和时将雏鹅释放至运动场和水浴池活动；同时，运动场也可以当作晴天无风时的喂料场。运动场略向水面倾斜，便于排水；运动场与水面连接的斜坡长 3.5～5m、宽 3～6m，长度与鹅舍长度等齐。运动场外接水浴

池，池深以 30～40cm 为宜，根据雏鹅大小控制其内水深度，使雏鹅能在池内顺利活动休息。水浴池边缘隆起地面 10～15cm、宽 25～30cm，以防水溢出运动场造成潮湿；边缘外建造 20cm 宽、15cm 深排水沟，上盖塑料漏缝地板，以排出溢水（图 3-2）。

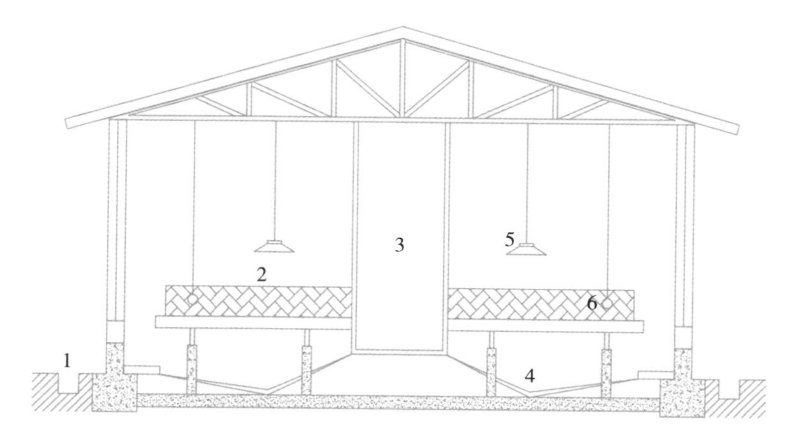

图 3-2　双列式网上育雏舍
1. 排水沟　2. 铁丝网　3. 门　4. 积粪沟　5. 保温灯　6. 饮水器

（二）多层小栏架养育雏舍

鹅育雏时因为应激或寒冷会出现聚集打堆的情况，雏鹅极易遭踩踏或挤压致死，或因为位于群体内部雏鹅难以饮水而极易用诱发高血尿酸症或痛风症。该病症近年在国内广泛传播，造成大量雏鹅死亡和重大经济损失，是养鹅业急需解决的痛点问题。为了提高雏鹅成活率，通常建造小栏架养的育雏舍（图 3-3），采用小栏分群的方式在网上保温饲养，育雏保温期的密度以 15～20 只/m^2 为宜，脱温后可将群体规模扩大到 20～30 只/m^2。

良好的育雏舍必须具有良好的供暖保温性能，可以采用燃煤或燃油炉直排或者通风管输送暖风，也可以利用水暖管结合散热片和风扇的方式对空气加热，从而为雏鹅提供适宜的温湿度环境。网床可以将雏鹅与粪污隔离，减少病原感染和疾病发生，其离地高度通常为50～80cm，方便工人进行喂料和加水。

为充分利用舍内立体空间，更为先进的是多层小栏育雏舍（图3-4），网床视舍的高度可以做到两层或三层，也可以直接采用多层笼养的肉鸡笼，粪便通过传送带传输到舍一端的粪沟内，再通过绞龙等方式输送到舍外。多层架养舍内通常安装水线和料槽，进行自动供水和喂料。

图3-3　小栏架养育雏舍

图3-4　多层小栏架养育雏舍

二、育雏舍的环境控制设施设备

（一）供暖保温设备

育雏舍非常重要的工作之一是供暖保温，可以通过在舍内安装

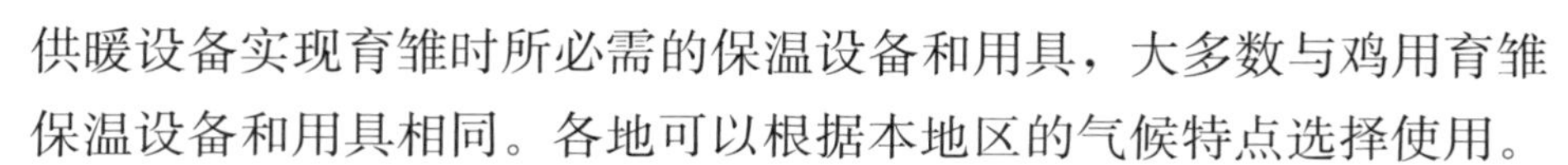

供暖设备实现育雏时所必需的保温设备和用具，大多数与鸡用育雏保温设备和用具相同。各地可以根据本地区的气候特点选择使用。

1. 红外线灯 在室内直接使用红外线灯泡加热。常用的红外线灯泡规格为250W，使用时可等距离排列，也可3～4个红外线灯泡组成一组。第1周龄，灯泡离雏鹅35～45cm；随雏龄增大，逐渐提高灯泡高度。用红外线灯泡加温，温度稳定，室内垫料干燥，管理方便，节省人力。但红外线灯耗电量大，灯泡易损坏，成本较高，供电不正常的地方不宜使用。

2. 保温伞 又称保姆伞（图3-5），形状像一只大木斗，上部小，直径为8～30cm；下部大，直径为100～120cm；高67～70cm。外壳用铁皮、铝合金或木板（纤维板）制成双层，夹层中填充玻璃纤维（岩棉）等保温材料，内侧涂布一层保温材料，制成可折叠的伞状。保温伞内用电热丝或远红外线加热板供温，伞顶或伞下装有控温装置，在伞下还应装有照明灯及辐射板，在伞的下缘留有10～15cm间隙，让雏鹅自由出入。这种保温伞每台可养初生雏鹅200～300只。冬季气温较低时，使用保温伞的同时应注意提高室温。

3. 燃气、燃油加热器 近年来，畜禽生产中有逐渐采用燃气、燃油供暖设备（图3-6和图3-7）的趋势，以克服红外灯和保温伞的用电量大、燃煤供暖设备易造成煤气中毒和部分加热器热能利用

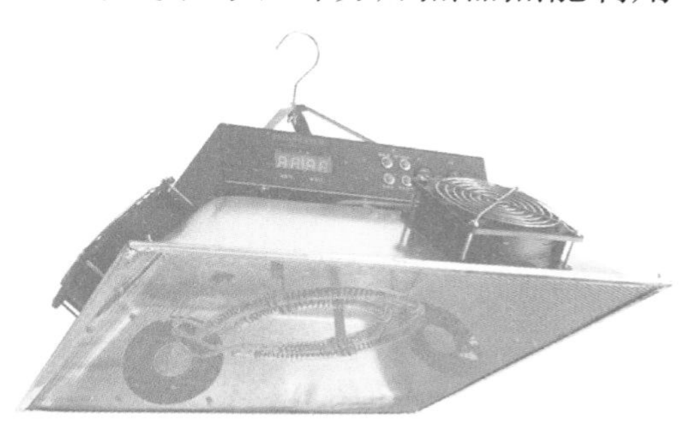

图3-5 育雏保温伞（左图为折叠式育雏伞，右图为铝合金育雏伞）

（资料来源：益民孵化设备厂）

率低的问题。推荐使用辐射伞式加热器，这种加热器在燃气过程中产生的热空气或红外线向下辐射至较大范围的鹅只活动区域，不仅热能利用效率较高，而且鹅只可以在加热器下方较大范围自由活动，不会造成保温伞下易发生的雏鹅挤堆现象。

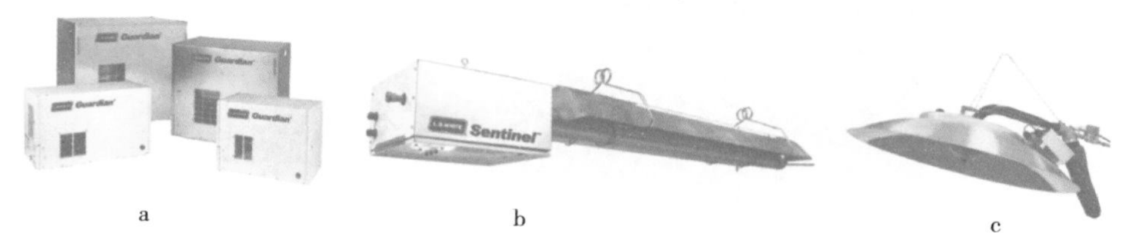

a　　b　　c

图 3-6　燃气加热器

a. 热空气加热器　b. 辐射热空气加热器　c. 辐射伞式加热器

图 3-7　燃油加热器

（资料来源：山东有朋机械设备有限公司）

（二）饲喂器具

1. 料盘、料槽、料桶　饲料盘较浅，多用于雏鹅开食。料槽或料桶可在各种阶段使用，料槽底宽上窄，防止饲料浪费。料槽或料盆必须有一定的高度（图 3-8）。料盆上沿的高度应随鹅龄的增加而及时调整，以鹅能采食为好。自制水泥饲槽对饲养规模较大的养殖场方便又省钱，饲槽长度一般为50～100cm、上宽30～40cm、下宽20～30cm、高10～20cm，内面应光滑，以利清洗。

图3-8　悬挂于网床上方的料桶

2. 饮水器、水槽　养鹅供水设备主要有真空饮水器、吊塔式自动饮水器、乳头式饮水器、槽式饮水器和杯式饮水器等（图3-9）。雏鹅使用普拉松真空饮水器最合适，但要定期加水、定期清洗；塔式自动饮水器，既卫生又节水。

(A) 塔式自动饮水器

(B) 普拉松真空饮水器

图3-9　不同样式的饮水器具

第二节　雏鹅“痛风病”的环境防控技术

随着养鹅业的快速发展，商品肉鹅的养殖规模和养殖密度不断加大，产业对加快雏鹅的生长性能也更为关注，使雏鹅的饲养、饲喂及所处的养殖环境条件和疾病风险均比以往发生了很大的恶化。养殖环境条件恶化的一个后果即是雏鹅“痛风病”的泛滥和广为传播。该病主要发生在3周龄内的雏鹅，发病率为10%～50%，导致的雏鹅死亡率高达50%以上，给我国肉鹅养殖行业造成严重的经济损失，成为目前威胁养鹅业的头号疫病，需要特别重视和正确防控。

一、雏鹅痛风病

雏鹅痛风病又称尿酸盐沉积症，是由于体内尿酸合成过多或排泄障碍，导致血尿酸浓度升高，形成高血尿酸症，进而以尿酸盐形式沉积在关节囊、关节软骨、关节周围、胸腹腔及各种脏器表面和其他间质组织中的一种疾病。雏鹅痛风的发病日龄主要集中在7～15日龄，15日龄前后为死亡高峰期，20日龄后较少发病且病程较轻。在临床上，痛风病鹅表现为喜卧、缩颈、关节肿胀、排白色稀粪等，因粪尿中含有大量尿酸盐，肛门周围羽毛常被白色尿酸盐黏附。对病死的雏鹅剖检，可看到在心包膜、胸腹膜、胸肌、腿肌、肝脏、肾脏、肠系膜等组织脏器表面有白色石灰样沉淀物，为尿酸盐沉积，肾脏组织呈现“花斑肾”变化，输尿管常因尿酸盐堵塞变粗变白（图3-10）。伴发关节病变的雏鹅中，关节处肿胀变形，可形成肉芽组织，即痛风石，切开可流出半固体或糊状白色物质，含有大量尿酸。

禽痛风的致病原因较复杂，凡能引起肾脏损伤和尿酸盐排泄障碍的因素都可导致痛风的发生。能导致痛风的因素目前已达20多种，现仍不断有新的病因被发现和证实。经多地调查和长期研究发现，饲料营养不合理、病原传播及养殖环境恶劣是诱发雏鹅“痛风病”的几个主要原因。下面将重点就养殖环境对痛风病发生的影响及生产中实用的养殖环境控制技术展开讨论。

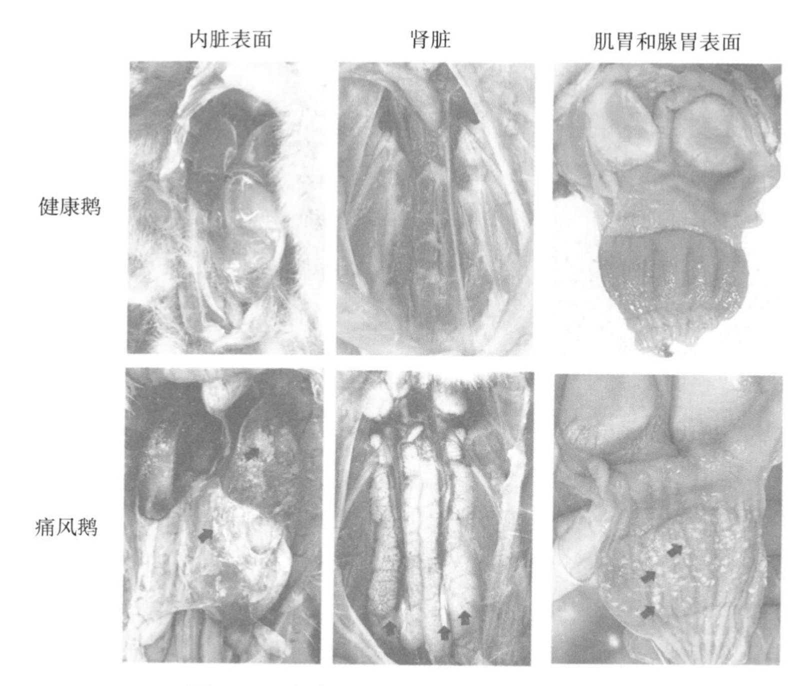

图 3-10　广东地区马岗鹅痛风胃溃疡症状

注：痛风鹅从左至右各图分别显示白色尿酸盐沉积、肿大的肾脏和白色输尿管，以及腺胃溃疡。

二、痛风病与环境的关系

（一）恶劣环境可诱发雏鹅痛风病

雏鹅绒毛稀薄，体小娇嫩，体温调节能力差，消化机能不健全，对外界环境的适应能力和抗病力差，若饲养环境差，容易诱发疾病并造成死亡。雏鹅痛风的发生呈现较强的季节性规律。该病在华东与华北地区主要发生在秋冬春昼夜温差较大时，而在春夏季温暖季节，气温较高、鹅舍内较为干燥之时，发病较少或不发病。

对雏鹅发生痛风病的调查显示，绝大部分病例中，均伴有鹅舍内环境过冷、通风不良、卫生条件差、阴暗潮湿、空气污浊、氨气浓度长期过高、鹅群密度过大等问题。在养殖环境控制不佳的鹅舍，寒冷时为了给雏鹅保温而常常忽视通风换气，导致舍内垫料潮湿，有害菌滋长泛滥，同时寒冷或低温还导致血液尿酸浓度升高，这两种环境因素是雏鹅痛风病发生和恶化的主要原因。

雏鹅“痛风病”的病因众多，与种鹅场环境卫生、细菌内毒素污染及病毒（如星状病毒、小鹅瘟病毒等）垂直传染发病和降低雏鹅健康和抗病力有关，也与饲料蛋白质水平过高有关，更与养殖环境恶劣有关。这主要是因为育雏舍内空气污浊、氨气浓度高会对雏鹅呼吸道造成严重损伤，降低雏鹅抵抗力；较差的育雏环境和养殖密度，往往导致舍内存在大量积粪和水分，容易造成粪便中的肠道有害菌繁殖，产生更多氨气损伤雏鹅，也使雏鹅更易感染病菌，并很快发病和死亡。

雏鹅生活的最佳温度范围是 26～28℃。环境温度低于 26℃时易导致雏鹅相互聚堆取暖。在育雏超过 1 000 只规模的大群中，位于堆内中心的雏鹅根本无法饮水，将导致血尿酸浓度升高，此为诱发痛风病的一大因素。更有甚者，尿酸盐的溶解度随温度降低而下降，若秋冬季低温时给雏鹅饲喂高蛋白饲料，导致血液尿酸浓度升高但其溶解度却下降，将使雏鹅体内的尿酸盐结晶析出。尿酸盐在血液供应较少、温度较低的关节处析出更多，于腿部关节处沉积则导致病鹅难以站立、活动和采食争食。凌晨是雏鹅痛风病的高发时段，这与此时温度较低密切相关，也是有时过了一夜很多雏鹅无法站立的重要原因。

恶劣育雏环境造成的病原污染也是痛风雏鹅大量死亡的重要推手。例如，在使用高蛋白日粮复制雏鹅痛风病症时发现，虽然高蛋白日粮可造成各种代谢和肾脏病变，但在环境良好的养殖栏舍内，病鹅死亡率却很低，并在雏鹅大于 20 日龄时可以逐渐康复。这一结果提示饲料蛋白质水平并不是导致痛风雏鹅病症恶化和死亡的唯一因素，而恶劣环境中存在的多种致病因素的综合作用，才是恶化痛风病症导致雏鹅大量死亡的最终原因。在实际生产中，给肠道微生物空白的雏鹅饲喂高蛋白饲料，将导致肠道内产生大量有害肠道杆菌（如大肠杆菌等革兰氏阴性菌）。在育雏环境控制不佳、养殖密度又高的舍内，肠道有害菌在含水多的粪便和垫料中仍会大量繁殖，病菌和病毒（如星状病毒等）进一步经粪口传播进入雏鹅肠道形成恶性循环，最终导致败血症，使雏鹅死亡。死亡雏鹅由于持续性脱水和体温下降，使血尿酸浓度急剧上升，尿酸盐在体液渗出组织后以白灰色结晶沉积于内脏表面。

（二）劣质饮水诱发雏鹅痛风

雏鹅痛风的发生，也存在“病从口入”的原因。在一些养殖密集地区，很多水源受到大肠杆菌及其内毒素污染，雏鹅直接饮用受到污染的饮水，往往发生严重的“痛风病”。

广东省气候较温暖，雏鹅痛风病一般发生在冬季12月至翌年2月气温较低时，在3—5月气候温暖时消失，但是却会在6月更为炎热的季节重新大量暴发。这是因为，广东鹅农趋向于在水面上放养鹅苗，一般鹅苗在1周龄时就直接让其上水面活动，以维持羽毛外观靓丽。由于夏季温度较高，水体容易滋生大肠杆菌，幼龄鹅苗尚未建立健康的肠道菌群，从水中摄入的大量大肠杆菌将严重损害鹅苗肠道健康，导致“痛风病”暴发和鹅苗的大量死亡。

一些鹅场采用含钙镁浓度高的地下水给雏鹅饮水，其中的钙镁离子容易与尿酸或血液其他成分结合形成“结石”，影响肾脏过滤性能甚至损伤肾脏，亦是导致痛风病症发生的另一原因。

（三）有害菌破坏胃肠道屏障，恶化痛风病症

调查发现，广东地区患痛风病症的雏鹅，除了表现典型的病理

和行为等痛风症状外，还存在明显的胃溃疡。此类溃疡首先出现在雏鹅肌胃与腺胃的交界处，后逐渐扩散至整个腺胃，严重者腺胃黏膜脱落。经分析认为，这种病症可能是胃肠道菌群失调造成的，特别是与大肠杆菌、致病型肠球菌等损伤胃肠道黏膜有关。胃肠道内的细菌突破胃肠壁屏障后，可直接进入或通过淋巴循环间接进入血液，通过循环系统损伤肾脏，诱发痛风。由于鹅对环境中的大肠杆菌异常敏感，因此，预防雏鹅痛风时，需特别警惕大肠杆菌等有害细菌的感染。

（四）营养、病原与环境的互作因素

鹅属于草食性动物，其野生祖先大雁以含纤维丰富的嫩草为食。纤维性饲料有利于雏鹅空白肠道中建立益生菌群，也具有抑制大肠杆菌滋长的作用。雏鹅明显不耐高营养“荤腥”饲料。但是目前规模化养鹅中所使用的全价饲料，往往含有丰富的油脂和蛋白。高水平营养不仅容易造成雏鹅高血尿酸症，还会促进肠道中大肠杆菌等有害菌的泛滥，有害菌通过粪便污染鹅舍，特别会在环境控制恶劣、潮湿的舍内泛滥积聚，然后又通过粪口传播危害雏鹅，成为雏鹅痛风病恶化和死亡另一重要因素。

综上所述，雏鹅痛风病的致病因素，主要是上述相互作用、相互影响的“营养”“病原”和“环境”三大因素。

三、“营养＋防病＋环控”的综合防控技术

视频 6

（一）育雏模式推荐

为控制雏鹅痛风的发病率，生产中推荐采用“网床架养＋小栏育雏”的养殖模式。该技术采用绝缘性能良好、易于管理、省力的材

料搭建网床，使得雏鹅不接触粪便，病害少、生长均匀、整洁、成活率高、经济效益高。

网床的网架可以用木材或三角铁制作，网床距地面60～80cm为理想高度，上面覆盖着一层硬塑料网；漏粪缝的宽度1.0～1.5cm，网孔以不截留粪便、不卡住鹅腿为宜。育雏舍建造细节见本章第一节。

网床孵育的优点：①不使用垫料，既清洁，又节省了垫料的成本和管理人力。②便于进行消毒。育雏网用的网片，厚度在1.0～1.5cm，可组装拆卸。在一批育雏结束时，将网片拆卸后，用2%～3%的氢氧化钠清洗网片，然后用0.3%的过乙酸或0.5%的百毒杀彻底灭菌。③减少疾病的发生。育雏舍内减少潮湿，让雏鹅室始终保持干燥；网上育雏可降低疾病的发生率，直接把粪便从网孔中漏下去，人工清理，可以控制星状病毒、大肠杆菌等病原体通过“粪-口”途径传播，从而降低痛风的发病率和用药成本。

（二）环境控制主要参数

1. 温度　鹅是恒温动物，在0～7日龄特别是3日龄的雏鹅最容易由于低温导致死亡。一般来说，0～7日龄的雏鹅舍温在28℃左右，而后随其日龄的增加每周下降2℃，但昼夜温差不能超过2℃。随鹅苗日龄维持正确的育雏舍温度，是避免雏鹅相互拥挤扎堆和难以获得饮水的重要途径。反之，当环境温度超过32℃，雏鹅会表现出精神萎靡，采食减少，饮水增多，体温明显升高，影响体热散发，生长发育缓慢，容易诱发疾病，长时间高温会造成雏鹅死亡。

值得注意的是，昼夜24h内尽量保持温度均衡，舍内温度建议控制在25～28℃，特别是凌晨、雨雪、寒潮时更要注意保持均衡。在育雏舍中，推荐使用“燃油暖风炉”保温，以为雏鹅舍供暖，此做法经济、高效，可有效避免痛风病发生。

2. 湿度 在环境温度适宜（即位于等热区内）的情况下，舍内相对湿度应控制在55%～70%，使雏鹅能够进行正常的生理活动。在高温高湿的环境下，会导致病原微生物和寄生虫开始大量的滋生，且垫料和饲料更易发生霉变，随即导致鹅群发病率升高。另外，鹅在高温高湿环境下容易发生热射病。在低温高湿环境中，鹅体热大量散失，容易发生感冒、肠炎等疾病，有时甚至出现死亡。如果雏鹅饲养在相对湿度低于40%的高温干燥环境中，且没有及时提供足够的饮水，经过大约48 h就会出现脱水症。生产中发现，雏鹅饮水量可显著影响其体液中的尿酸盐浓度，雏鹅濒临脱水时，血液尿酸盐浓度急剧升高，极易导致痛风病症。

3. 通风换气 雏鹅生长发育速度较快，机体新陈代谢旺盛，代谢过程中会产生较多的二氧化碳，以及通过呼吸排出水气，同时粪便发酵产生的氨气也会污染舍内空气。因此，要适当进行通风换气，以使空气中的灰尘和病原微生物减少，同时除掉多余的热量和水分，有利于机体生长。一般来说，可使用小风机缓慢小量通风，同时注意气流不能够正对雏鹅，且冬季要尽可能不在早晚气温相对较低的时段通风。

(三)防控痛风病的饲养管理要点

1. 合理饮水 合理的饮水可降低雏鹅痛风病的发生概率。雏鹅要及早开饮，可在孵化出壳后或者运输到雏鹅舍后马上给水，避免机体脱水，提高存活率。如果雏鹅经过长距离运输，可在给水时添加1%电解多维和5%葡萄糖。在气候寒冷的季节，要注意给雏鹅提供温水。如果雏鹅不会主动饮水，要对其进行饮水训练，即将雏鹅的嘴轻轻按在饮水器内，几次即可。需要注意的是，按压时让雏鹅的嘴部能够接触水即可，防止绒毛被弄湿。

2. 合理饲喂 雏鹅适宜在出壳12～24 h内进行开食，这样能够增强食欲，保证胃肠健康和功能正常，及时满足机体所需的能量和养分，确保生长发育良好。

对于初生雏鹅，肠道微生物菌群完全空白，首先需要帮助建立肠道的益生菌优势，以抑制有害肠道杆菌的定植及滋长。可以先通过饮水饲喂乳酸杆菌等益生菌，以鹅肠道中分离的鹅源乳酸杆菌抑制有害菌及防控痛风的效果为最佳。

其次，开食适宜使用精细饲料，1～7日龄只喂精饲料，7日龄后饲喂青绿饲料，青绿饲料的喂量可随着日龄的增大逐渐增加。由于雏鹅的消化道容积小，排空速度快，喂料要采取少添勤添。雏鹅对于蛋白质含量比较敏感，育雏期间，建议饲粮蛋白质18%、粗纤维4%～5%。特别要指出，必须使用无毒素的优质原料配制的雏鹅饲料饲喂，避免使用发霉原料、含毒素的杂粕或废油脂等饲料喂雏鹅，以避免对雏鹅机体造成毒害和应激等，提高雏鹅的健康水平和生长发育能力。

最后，要给予充足干净的饮水，定期观察雏鹅排泄物，如果排泄物黏稠白浊，表明已有一定量尿酸盐沉淀，此时可以使用护肾利尿的药物或0.2%～0.3%碳酸氢钠溶液来排泄尿酸。平时可在水中适当加入多维，平衡电解质，钙磷比例控制在1.0∶0.7，防止失衡。在某些地区采用含钙镁浓度高的地下水育雏中，必须煮沸饮水降低其硬度，去除其中钙镁盐，方能给予雏鹅饮水或可在其中添加0.2%～0.3%碳酸氢钠溶液，从而较好控制痛风症发生。

3. 控制密度 育雏密度过高会导致雏鹅扎堆、饮水不足等问题，容易诱发痛风病。一般情况下，各周龄的饲养密度不同，1周龄以20～25只/m^2、2周龄以15～20只/m^2、3周龄以11～15只/m^2、4周龄以4～10只/m^2为最佳。良好的育雏环境有助于增强雏鹅抗病力、降低病原微生物在环境中的浓度，减少痛风发生。

4. 阻断病原 近年来，在雏鹅痛风病的发生中，常分离到星状病毒。该病毒是雏鹅痛风病发生的一个诱因。星状病毒可通过“粪-口”途径在禽类群体中传播，一旦发病，会迅速在鹅群中传播开来。同时，垂直传播也是星状病毒重要的传播方式，病毒从种鹅通过种蛋和孵化环节传播到鹅苗，导致疾病从种鹅场向广大的地区间扩散。因此，在种蛋孵化前贮存、孵化机及孵化出雏鹅的雏鹅运输器具等，都需要通过熏蒸、清洗和曝晒等消毒，以切断病原的垂直传播（图 3-11）。

图 3-11　鹅苗筐的消毒处理

注：装运鹅苗的筐（左）需要在阳光下曝晒，其中垫草要松开，使之更为干燥（中），也可以喷洒消毒水杀菌（右）。

另外，需要保证种鹅生产场地的环境卫生，避免大肠杆菌等有害菌及细菌内毒素在种蛋内的沉积污染，以及对孵化雏鹅的污染，从而提高雏鹅的健康质量及抗病力，降低痛风病症的发生率。

综上所述，建立雏鹅痛风病的防控技术体系，需要从日粮营养、病原防控、环境控制等多方面入手。

第四章
鹅生长育肥期的环境调控

第一节　环境控制要求总则

鹅生长育肥期生活力较强，对温度的要求不如雏鹅严格，既能耐寒，也能耐热，所以鹅舍建筑结构相对简单，基本要求是能遮挡风雨、夏季通风、冬季保温、室内干燥即可。目前，越来越流行用高床架养育成鹅。鹅舍和网床建造方式与上述高床养殖育雏舍的类似，但更需要注意鹅舍的通风。

一、生长育肥舍的类型

（一）大棚式鹅舍

1. 南方“鹅-鱼”综合养殖鹅舍　以广东省等地采用的“鹅-鱼”综合养殖模式下的养鹅舍为代表，鹅舍都以竹木搭建成简单的棚舍，棚顶以石棉水泥瓦或油毛毡杉树皮重叠覆盖，做成单披式屋顶，而棚舍四周以油毛毡杉树皮或更为简陋的彩条塑料编织布覆盖。采用大面积的彩条塑料编织布作为鹅舍周围墙壁，可以根据天气情况的需要随时开闭，以防风雨或使阳光照射进入鹅舍，有利于鹅舍通风换气和保持舍内干燥。

相对于种鹅，育肥鹅的饲养密度可稍高，鹅舍面积利用率较高。一个 $200m^2$ 的育肥鹅舍，可饲养 1 000 只育成鹅。此类鹅舍四壁往往有一面与运动场直通，使鹅只能够自由进出鹅舍。鹅舍和舍外运动场地面可以采用混凝土浇筑平整，以利清粪和清洗。“鹅—鱼”养殖模式中，以鱼塘水体作为鹅只的活动和饮用水源，此时需要特别注意水体的清洁卫生。如果水体载鹅密度太大（$\geq$1 只/m^2），则需要考虑在运动场上额外建造饮水池或饮水槽，为鹅只供应清洁饮水。

2. 塑料大棚养鹅舍　在华东地区如江苏、山东等省份，许多农户和企业采用塑料大棚舍养鹅，棚舍一般离水建于林地或农田附近，以利于开展林下养鹅，并在农田中消化鹅粪便污水。

养鹅大棚以圆弧形钢架结构支撑，上覆塑料薄膜和 1～2 层岩棉保温隔热层。棚顶做成天窗，其上配有卷膜机可以上下开启，而大棚基部的薄膜也可由卷膜机上下开启形成进风口，通过调整棚顶天窗和棚基的进风口即可对此大棚型鹅舍进行自然通风。棚内地面以砖铺或水泥浇铸为宜。饲养于其内的鹅只可以通过棚基部的进风开口自由进出运动场。食槽一般放置于棚舍内，饮水槽则设置在运动场上。在水源少的地区，需要打深井汲水为饮水槽和人工水池提供清洁水源。

30～40 日龄之内的雏鹅体型较小、需水不多，其饮水器具以普拉松饮水器较好；40 日龄以上的鹅只，需要以粗 PVC 管制成的饮水槽饮水，并同时配置人工水池供鹅只活动。饲养 2 000 只肉鹅所需要的人工水池以面积 15～$20m^2$、深 0.5m 为宜。许多鹅舍建造在林地边上，鹅只拥有较大的林下活动空间，因而运动场地的粪便密度较小、较易干燥，鹅只经受的应激和环境中有毒、有害菌的危害也较少，相应地可以大大减少人工水池用水量。

北方地区冬季寒冷，即使采用岩棉保温隔热层棚膜及使用暖风炉，都难以控制大棚养殖舍内温湿度环境，因此该类型养殖舍不适宜冬季养鹅。

视频 7

（二）网床育肥鹅舍

网上养鹅的目的是使鹅只与粪便及其中的肠道杆菌等病原隔离，避免造成病原的粪口传播。网上养鹅一般应用于高密度养殖的育雏阶段和粪便排泄量大的肉鹅生长后期或育肥阶段。

在山东省、江苏省等东部地区，雏鹅在育雏舍中生长至15～20日龄以上即可转移至网上大棚养殖鹅舍。在上述大棚鹅舍中，以钢材或木材建造类似于育雏舍中的单层高床漏缝网架，上面仍然覆盖一层塑料网承载鹅只、杯状饮水槽和食槽等。网架高0.8～1m，在舍内以双列式安排，网架中间设置1m宽的直道，以方便输送饲料和清理网架下鹅的粪便。此种网床载鹅密度控制在10只/m^2左右，并将网床分设为10m^2的小栏，控制每栏鹅数。当鹅只在网床上继续生长时，需要不断降低养殖密度至5只/m^2左右。为了提高鹅的福利，减少在网床养殖中缺乏活动空间、水洗条件所造成的应激及争斗啄羽等问题，可以在网床栏内设置一些牢固的尼龙绳丝作为玩具供鹅只啄玩（图4-1）。在气温适宜的夏秋季节，当雏鹅生长至35～40日龄时，可以释放至地面养殖舍、运动

图4-1　鹅栏上设置的鹅的尼龙绳“玩具”

场或林下养殖场地，以满足其对更大活动空间的需求。

广东省的养鹅生产追求有较高肥度的商品肉鹅，以烹饪当地独特风味的烧鹅菜肴。因此，广东省的商品肉鹅一般都会在地面养殖60～70 d后转入高床网架进行育肥。高床育肥的目的一是为了减少鹅只运动使之快速增肥。二是为了避免鹅只因为体型大、排粪多造成水体细菌和毒素污染，避免由此对鹅只造成危害等问题。广东因为气候较温暖，高床养鹅栏一般也仅建造一个离地面约1m的网床，然后于其上方2m处建造一个挡雨的棚顶，四周漏空无墙壁，仍然能够较好地育肥鹅。

高床网栏也可以进一步分为单位面积15m^{2}的小栏，每栏养鹅20只左右。食槽和饮水槽则放置于栏外，鹅只隔栅栏饮水和采食。但需要频繁清理网床下粪便，以免产生恶臭和细菌毒素污染等问题。一些养殖场直接将高床网架建造在养鱼水塘之上，既使鹅粪便直接进入水体作为养鱼饵料，又可以避免鹅只直接接触水体中大量肠道杆菌等病原和毒素（图4-2）。

图4-2　建造在鱼塘上方的漏缝地板鹅栏

(三)冬季肉鹅舍

冬季养殖育肥肉鹅，需要以聚乙烯含泡沫的彩钢夹心保温板材建造鹅舍，鹅舍南墙上设置较大的窗口并配备良好的卷膜窗帘，以使晴天阳光进入鹅舍保持舍内通风干燥。北墙在冬季是迎风面，冷风渗透较多，需要尽量减小北墙上窗口面积，南、北窗面积比可为（2～3）：1，同时在北墙和西墙上应尽量不设门。在土地充裕的地方，还应该在北墙外 2～3m 处密植高大树木如杨树等，作为防风林抵挡寒风吹袭。

此外，舍内靠北墙侧需设计建造饮水岛，饮水岛高出地面 0.4m、宽 1m，鹅只通过木制或塑料漏缝地板斜坡上下饮水岛。饮水岛与活动采食区域以高 0.8m 的围栏隔开，饮水岛内设计深 40cm、宽 60cm 的深沟，沟上覆盖塑料漏缝地板；在饮水岛上设置饮水槽，当鹅只在漏缝地板上饮水时，溢水即落入深沟并流出舍外，从而保持舍内采食活动区域干燥。

活动采食区内放置食槽。舍外一侧可以设置燃煤暖风炉，并通过送风带向舍内输送热空气为鹅只取暖；也可以在舍内活动区设置一些高 0.8～1m 的高台，其上放置燃气热风炉，于夜间为舍内供暖；同时在暖风炉对侧外墙上设置小型风机，以小风为鹅舍换气，从而降低舍内空气环境中的湿度和病原浓度，降低鹅只染病风险。

二、育肥鹅场环境控制设施设备

育肥鹅养殖普遍采用 2 000～3 000 只的适度规模分散养殖方式，而且育肥鹅养殖主要饲喂专用配合商品饲料，一般不需要专门的饲料搅拌配制设备。因此，只需要配置一个专用饲料贮存间、1～2 辆手扶拖拉机挂车以及 1～2 辆手推小斗车，用于饲料运输、饲喂和鹅粪便的清运。某些不具备天然水资源的鹅场，还需要专门建造机井、贮水塔以供鹅场饮用和清洗水源。

育肥鹅供水设备主要有塔式自动饮水器、普拉松饮水器、乳头式饮水器、槽式饮水器等（图 3-9 和图 4-3A）。家禽用的乳头饮水器有触碰式出水和压杆式出水两种，前者用于尖喙的鸡和火鸡等，后者用于扁喙的鹅鸭水禽。两种乳头饮水器在生产中使用均会造成严重的漏水和水浪费问题，主要是鹅玩水降温和梳理羽毛习性所致。在压杆式饮水器上加装一个外套，可以矫正鹅的饮水姿势，仅在喙伸进套管时才能压杆饮水，使水流更直接地进入喉部提高饮水效率，也避免争抢乳头和触碰压杆的玩水行为，有效减少漏水和水浪费（图 4-3B）。

(A) PVC管饮水槽

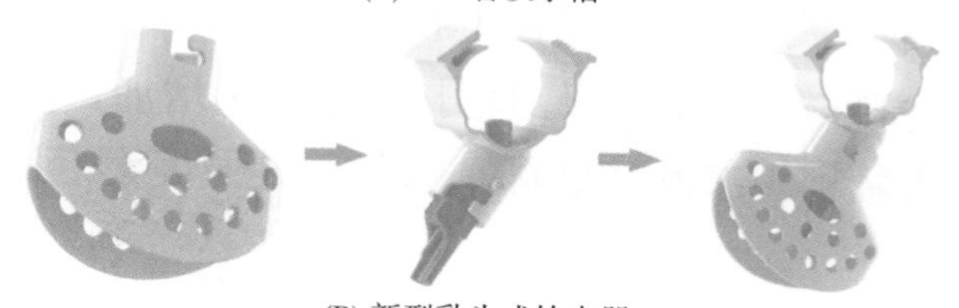

(B) 新型乳头式饮水器

图 4-3　不同样式的饮水器具

肉鹅或青年鹅一般采用开放式鹅舍进行饲养，只需采用自然通风即可，利用门窗和屋顶旋转风帽来调节通风量和舍内换气，保持舍内空气清洁。

第二节　肉鹅的发酵床网养技术

肉鹅养殖量的不断扩增使粪水等废弃物大大增加，这些污染物对环境的危害成为限制肉鹅养殖产业发展的主要因素之一。随着国家《畜禽规模养殖污染防治条例》和《水污染防治行动计划》的实施，许多地方开始禁止利用公共水体养殖水禽，迫使水禽生产必须转移到地面或舍内进行。传统舍内地面平养模式下，水禽与粪便直接接触，其感染疾病的机会大幅升高；单独高床架养虽然避免了水禽与污染物的直接接触，但无法解决水禽粪便处理问题；发酵床平养模式虽然实现了粪污原位发酵，但需要高强度的翻耙作业，劳动强度过大。考虑到粪污处理难度、土地资源与饮用水源限制、人工成本以及肉鹅健康福利等问题，将发酵床养殖模式与网床架养模式相结合，就形成了发酵床网上架养模式。肉鹅饲养在架高的漏缝塑料板上，不与粪便直接接触，粪污通过漏缝板掉落在发酵床上，通过翻耙机使垫料充分混合，依赖多种细菌原位有氧发酵，降解粪污，抑制有害菌生长。

发酵床网养鹅舍建造及内部设计同本章第一节关于网床育肥鹅舍的阐述。发酵床床体垫料采用17% 锯木屑和83% 菌糠组成，添加需氧菌（枯草芽孢杆菌）进行生物发酵。10 日龄以后，每 3d 翻耙 1 次发酵垫料；随着鹅群日龄增长，采食量增加，粪污排泄量增加，改为每天翻耙 1 次发酵垫料。

一、发酵床网上架养模式的设计

视频 8　视频 9

发酵床网上养鹅舍的长×宽×高分别为 60m×14m×3m，其内部用轻质玻璃纤维泡沫柱支架，顶部则铺以玻璃纤维泡沫板（图 4-4）。鹅舍两侧由卷帘控制开启并进行自然通风。舍内左右各一个发酵床网上养殖栏，每个养殖栏由两组发酵床床体组成，每个发酵床床体 2.85m 宽，发酵床网床离地面 1.2m，两侧为高 0.8m 的轨道墙或槽钢架（图 4-5），作为或铺设翻耙机行走轨道。

发酵床床体垫料厚度 0.5m，由木屑、稻壳、菌糠和益生菌组成。基质中好氧微生物的发酵是分解鹅粪便中营养物质、抑制粪便中有害肠道杆菌繁殖的重要手段。需要通过翻耙将鹅粪与发酵床基

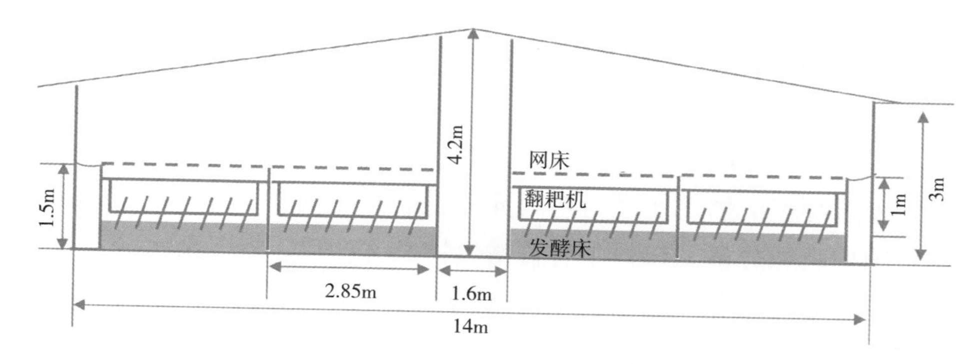

图 4-4 发酵床网上养殖模式立面结构

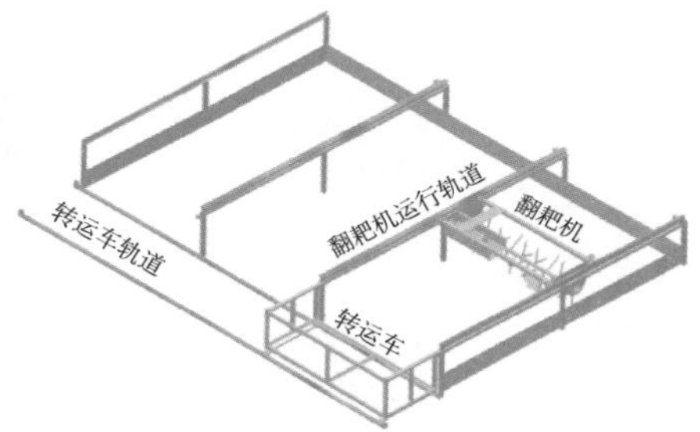

图 4-5 发酵床翻耙机（左）轨道运行及转运示意图（右）

质混合，同时将氧气充入基质以帮助益生菌发酵、分解和熟化粪便。为此需要设计和建造网床下的发酵床翻耙设施，为通过在多个鹅舍共享翻耙机设施降低应用成本，将设施设计为翻耙机系统和转运系统两部分（图 4-5）。翻耙机系统包括翻耙机、滑触供电线、触滑线电刷、运行轨道和运行轨道限位开关。翻耙机由驱动电机和一个类似于旋耕机的犁刀组组成，其两端分别有两个电机驱动的小轮，安装于发酵床两侧轨道墙的轨道上行走。在翻耙机行走过程中，电机驱动犁刀组翻转，对发酵床基质和粪便进行翻动混合。转运车系统的应用是使翻耙机在鹅舍内不同发酵床之间，甚至整个鹅场的不同鹅舍间转运工作，通过共享同一台翻耙机减少发酵床网上养殖鹅舍的建造成本。

二、发酵床网养优化鹅舍空气质量

鹅群生活在塑料漏缝地板上，粪便漏过漏孔直接落在发酵床床面，通过翻耙机翻动使之与垫料充分混合，鹅粪中大量水分被垫料疏松结构吸纳分散。垫料中有益微生物发酵产热，将多余水分蒸发，干燥粪便的同时减少粪便体积，方便后期运输和有机肥加工。枯草芽孢杆菌等有益菌利用粪便进行有氧发酵，竞争性抑制粪便内如大肠杆菌等需氧有害微生物的增殖，减少有害菌发酵产生的氨气等有害气体，同时显著降低了挥发至空气中的气载有害菌浓度和 LPS 浓度（图 4-6）。

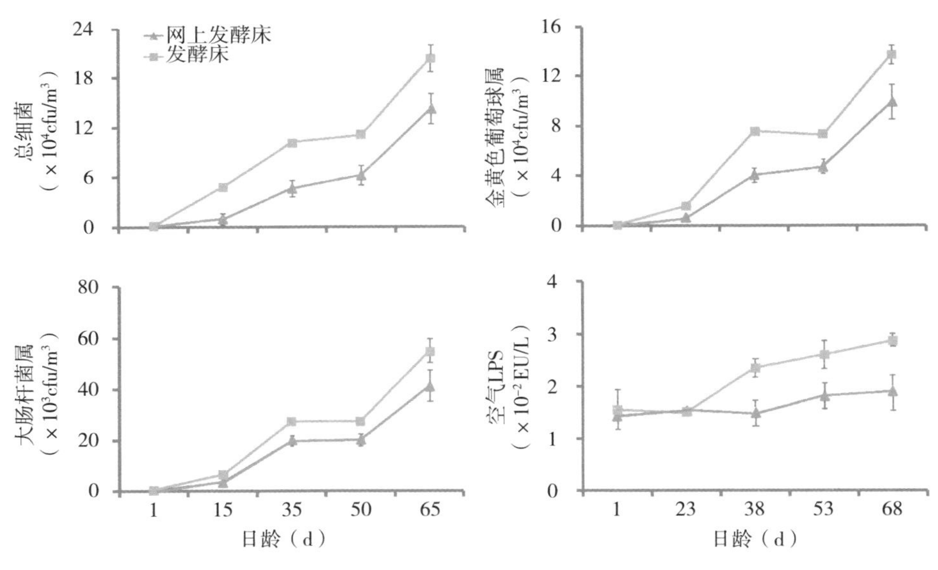

图 4-6　鹅舍气载细菌气溶胶浓度变化与空气 LPS 浓度变化

（资料来源：戴子淳 等，2015）

三、发酵床网养提高养殖效率和经济效益

与发酵床平养相比，发酵床网上养殖鹅的体重增长在各时间节

点无显著差异，但发酵床网床养殖鹅群整体度较高，个体间体重差异较小；发酵床网养70日龄累积死亡率较发酵床平养低2个百分点（图4-7）。

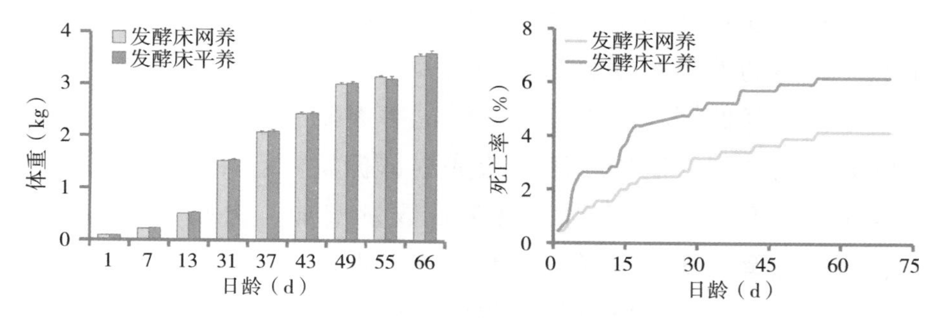

图4-7　发酵床网上养殖肉鹅降低死亡率
（资料来源：戴子淳 等，2015）

应用发酵床网养可以降低人工翻耙发酵床的成本，提高劳动效率；与此同时，肉鹅获得了更好的生存环境，死亡率降低，药物成本也得到了控制，综合产出效益提高。经试验测算，发酵床网上获得的净利润高于发酵床平养模式9.47%（表4-1）。

表4-1　不同养殖模式下经济效益对比

养殖模式	发酵床网养	发酵床平养
产品产量（kg/只）	3.62	3.63
产品售价（元/kg）	11.30	11.30
总产值（元/只）	40.91	41.02
鹅苗成本（元）	9.00	9.00
饲料成本（元）	22.28	21.98
翻耙成本（元）	0.65	3.33
药物成本（元）	0.80	1.20
总成本（元）	32.73	35.51
净利润率（%）	24.98	15.51

注：经济效益数据按照2015年市场价格计算。（资料来源：戴子淳 等，2015）

第三节　肉鹅舍内饲养密度与群体规模

养殖密度和群体规模对肉鹅生产效益及鹅群福利具有重要的影响。过高的养殖密度会激活下丘脑-垂体-肾上腺皮质轴，抑制肉鹅生长、降低饲料利用率，同时危害肉鹅肠道健康和福利。高密度养殖条件下，鹅群应激易造成局部拥堵，打斗、啄羽等争斗行为频率上升，从而导致肉鹅伤残数量增加、肉鹅羽毛污染严重。通过在舍内建造小栏进行网格式管理，人为控制载鹅量均匀分布于舍内空间，可以有效控制鹅群体规模，从而有效改善鹅群踩踏引起的物理损伤问题，将打斗、追逐、啄羽等争斗行为控制在较低水平。在实际生产中，要实现养殖效益最大化和兼顾动物福利，还需探索出养殖密度和群体规模的平衡点，在舍内划分合理的网格，以小群饲养的方法，实现全舍内养殖的效益最大化。

一、密度对生长鹅的影响及管理

高密度养殖会导致肉鹅体重下降、羽毛污染（图 4-8）和受损、腿部伤病，加剧肉鹅应激反应，降低采食量和免疫力，增加患病风险和用药成本，降低存活率，进一步影响到肉鹅的生长与肠道发育，降低肉品质。以泰州鹅为例，当饲养密度超过 5 只/m^2时，血清柠檬酸和苹果酸浓度升高，三羧酸循环增强，这充分反映出机体对发生应激进而适应的过程。过高的饲养密度下，肉鹅机体能量供给失衡，肉鹅体型消瘦，血清乳酸、赖氨酸及其代谢产物浓度显著升高，血清 α-三烯生育酚浓度显著降低，细胞脂质抗氧化性减弱，进而影响到细胞正常的生理功能，最终表现为肉鹅死亡率升高、体重下降。

因此，全舍内饲养环境下肉鹅饲养密度应控制在 5 只/m^2 以

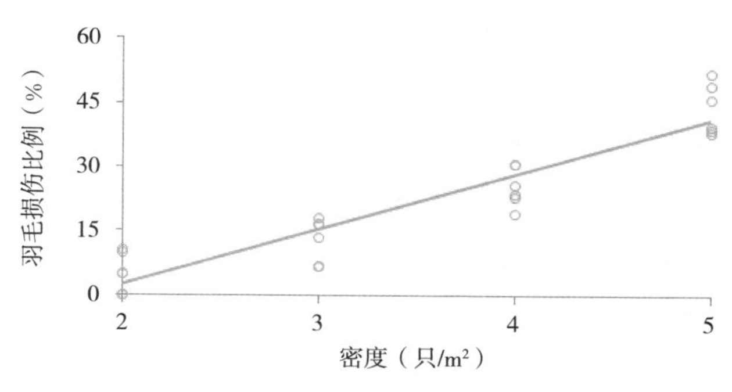

图 4-8　不同密度下肉鹅羽毛污染情况

内，可以保证肉鹅较好的上市体重，节约饲料成本；在此密度条件下，也保证了鹅肉产品良好的风味和口感，未来可以在产品定级过程中获得更高级别，增加经济收益。

在日常管理中，应合理安排工作时间，尤其在夏季高温时期，需要采取负压通风等有效的降温措施，控制舍内温度在 30℃以下。饮水添加防暑降温中草药制剂，或者含 0.1%～0.2%碳酸氢钠的水溶液。避免在最高温时段集中饲喂，如需限制饲喂，可在早晨添加全天饲料总量的 30%～40%，以鹅群在 10：00 前吃完为宜。傍晚太阳落山气温下降后再添加剩余饲料；高温时段可以饲喂适量青绿饲料，保证维生素供应。

二、生长鹅栏舍空间参数

鹅是社会性家禽，喜欢按一定社会秩序群居，常常以一定的方向和排列次序走动，位于队列后方的鹅只，都跟从领头鹅的前进方向依次有序前进。在目前的集约化、规模化养鹅生产中，鹅群体规模往往可以达到 2 000 只以上，需要提供较大的场地空间才能使鹅群按一定的队列和方向有秩序前进。在水面养鹅、林下养鹅或草原牧鹅生产模式中，鹅只在户外的活动空间均较大，都能允许大群鹅向前运动而不会发生拥堵踩踏问题。然而在舍内养殖模式下，有限的舍内空间必须通过提高养鹅密度，才能实现集约化肉鹅养殖，这就造成鹅群在舍内前进运动时的局部拥堵挤压及鹅只伤残问题。其次，鹅在舍内并不以随机分布方式躺卧，而是集中分布在遮蔽物、坚实墙面处（图 4-9）。当鹅群听到其他方向鹅群的鸣叫，会试图向其靠拢，但却被阻隔在墙根或阻挡围栏附近。在突发因素刺激下，鹅群会本能地向安全方向逃离，长距离运动和大规模堵挤导致局部载鹅数急剧上升，易造成肉鹅伤残甚至死亡。

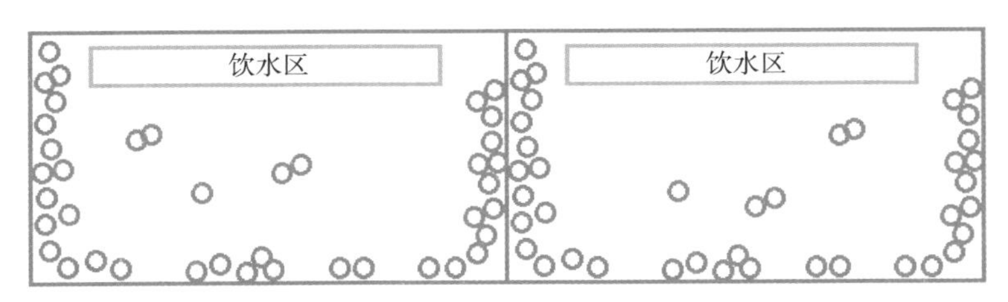

图 4-9　鹅只在舍内躺卧分布规律示意图

注：图中中央区域鹅只分布较少，空间利用不足（○表示肉鹅个体）。

为了避免鹅只的伤残，必须对鹅舍进行网格化管理，使用小栏降低鹅群体的规模，人为使鹅群在舍内接近均匀分布，避免大规模拥堵造成的物理致伤。网格化管理不仅可以降低肉鹅群体的数量规模，还可以通过在全舍内均衡设置小栏，避免舍内空间的浪费，充分利用鹅舍的有效面积空间，既避免群体过大造成的伤残问题，还能够维持较高的养殖密度和总体规模数量。在实际生产中，考虑到鹅群疏散问题等，小栏设置长∶宽以（2～1）∶1 为宜，同时建议最小边长不小于 3m。

三、生长鹅的养殖密度及群体规模

适宜的饲养密度和群体规模，能够发挥出肉鹅最佳的生长潜力，保证养殖福利。过高的养殖密度，将导致鹅只严重应激，促进相互威吓、追逐、啄羽和打斗等行为。应激还严重影响鹅的肠道发育、营养物质的消化吸收和肠道黏膜免疫机能等，不仅影响鹅的生长速度和增重，还大大增加僵鹅和死亡的比例。另外，鹅属于社会性家禽，需要一定的群体规模以促进个体间建立稳定的等级关系和相互的交流学习行为。

在实际生产应用中，应将育肥肉鹅饲养密度控制在4～5只/m^2，同时在棚舍内隔出小栏，每个小栏面积20～25m^2，饲养肉鹅100只左右，鹅的增重和单位采食量最高，饲料转化效率、存活率较为正常。

第四节　单色光促进舍养肉鹅的生产性能

野生大雁是家鹅的祖先，每年都在秋季向南方湖沼水区越冬，然后在春季飞向北方草原甚至极地区域繁殖和养育雏雁。野雁对于光照变化异常敏感，从而在极短的时间北飞或南迁到达目的地。

野雁的采食量往往受制于植物生长量，因此表现为春夏季长日照下促进采食。雏鸟利用植物性营养加快生长至成年体重，此种长日照下的生长以肌肉和骨骼组织的生长为主，而且氮素营养的摄入较为重要。在秋季日照缩短时，为了提供能量进行长距离南迁，仍然维持很高的采食量以积聚脂肪作为飞行的能量。野生的加拿大雁，南迁前的体脂可以增加46%，其中甘油三酯量增加209%。在家养条件下，于秋季将光照缩短到每天7 h，使朗德鹅在自由采食的情况下大量沉积脂肪，鹅只在12周内胴体重从4.0kg增加到5.4kg，肝脏重从近100g增加至500g以上，腹脂重从200g增加至600g。说明目前在家养条件下，鹅仍然保留了野生状态下大雁的短光照促进脂肪沉积的机制。因此，在实际生产中，可以通过各类光源信息参数的耦合，实施精细化光环境调控，从而控制鹅的生长发育，以满足生产需求。

在人工光源选择上，LED灯相对于普通的白炽灯、节能灯更

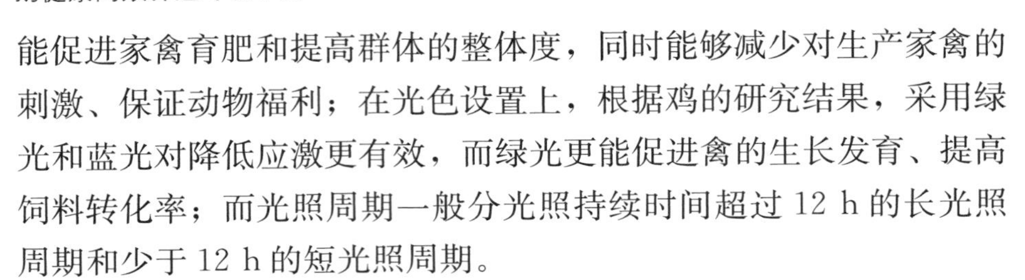

能促进家禽育肥和提高群体的整体度，同时能够减少对生产家禽的刺激、保证动物福利；在光色设置上，根据鸡的研究结果，采用绿光和蓝光对降低应激更有效，而绿光更能促进禽的生长发育、提高饲料转化率；而光照周期一般分光照持续时间超过 12 h 的长光照周期和少于 12 h 的短光照周期。

一、应用绿光处理促进商品肉鹅的生长

借鉴单色光处理影响肉鸡、樱桃谷鸭生长和提高屠宰性能的研究结果，可选用 LED 绿光对肉鹅进行光照处理。处理程序为：1～7 日龄雏鹅给予全天封闭光照处理，从 8 日龄开始调整光照时间为 16 h 光照：8h 黑暗（16L：8D），处理时间为 70 d（即 70 日龄）。

绿光处理能够促进鹅只不同日龄段采食量增加（表 4-2），促进肉鹅增重，且效果明显（图 4-10）；屠宰性能一直是评定畜禽产肉性能的重要指标，不同单色光对于畜禽屠宰性能的影响也有所差别，其中以单色绿光处理对肉鹅屠宰性能的影响更为明显（表 4-3），绿光组半净膛率、胸肌率、腿肌率最高，料重比显著降低。

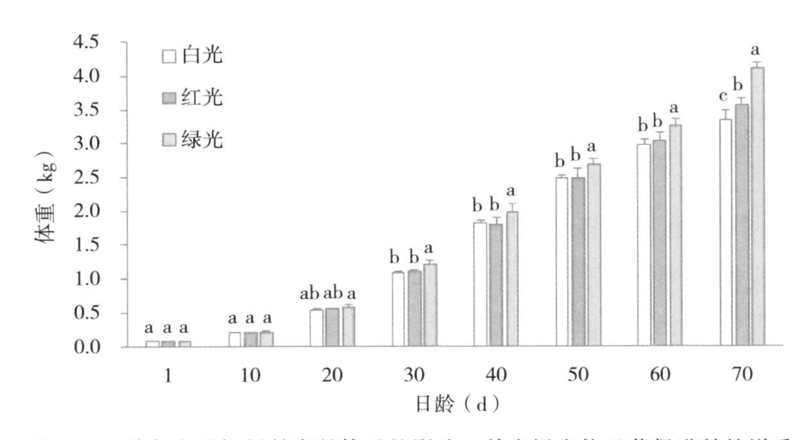

图 4-10 单色光对扬州鹅肉鹅体重的影响，其中绿光能显著促进鹅的增重

表 4-2 不同单色光对扬州鹅不同阶段采食量（g）的影响

日龄（d）	白光	红光	绿光
30～40	164.05±23.98[b]	164.73±26.38[b]	203.65±21.69[a]
40～50	213.73±38.6	221.41±20.54	239.48±40.9
50～60	235.11±61.7	228.66±62.1	243.52±61.8
60～70	194.49±17.72	207.35±36.5	214.74±27.73

注：表内同列小写字母不同表示差异显著（$P<0.05$），不同列之间不进行比较。表 4-3 至表 4-5 注释与此同。

表 4-3 不同波长单色光对扬州鹅生长性能及屠宰性能的影响

处理	活体重（kg）	半净膛率（%）	全净膛率（%）	胸肌率（%）	腿肌率（%）	腹脂率（%）	料重比
绿光	4.09±0.08[a]	90.19±1.39[a]	80.37±1.65	8.48±0.75[a]	14.06±0.88[a]	2.46±0.87	3.19±0.53
红光	3.54±0.11[b]	88.06±1.61[b]	79.50±1.79	7.26±1.58[ab]	13.00±0.62[ab]	2.58±1.03	3.52±0.99
白光	3.34±0.13[c]	88.64±1.50[ab]	81.26±2.10	6.04±1.49[ab]	12.61±2.31[ab]	2.52±0.65	3.90±1.21

进一步对鹅下丘脑、垂体、肝脏和肌肉组织的基因表达分析结果说明，采用单色绿光或蓝光处理生长肉鹅，光信号通过上调下丘脑促甲状腺素（TSH）的生成，促进下丘脑局部生成 T3，后者促进下丘脑细胞生成视黄醛脱氢酶并生成视黄酸（维甲酸），RA 激活 GHRH 的基因表达，从而促进下丘脑分泌生长激素释放激素（GHRH）、抑制生长激素抑制激素（GHIH）的分泌，促进脑垂体 GH 的分泌，后者再促进肌肉组织生成和分泌 IGF-I，从而促进肉鹅肌肉和其他组织生长。与此同时，光照周期也通过影响生长轴激素分泌而影响到鹅的采食量和生长速度，如每天 22h 的绿光处理，优于 16 h 的绿光处理。

因此，在商品肉鹅生产中，推荐采用每天 22 h、强度为 15 lx 的绿光调控技术促进商品鹅生长发育。

二、单色光处理改善鹅肉风味

除了促进鹅的生长之外，研究发现单色光处理还能够促进肌肉风味物质含量，从而改善鹅肉品质。肉品质是与鲜肉或加工肉外观和适口性有关的一切特性，肉的感官特征及物理特性决定了消费者对肌肉品质的评价。肉色、剪切力及 pH 等指标是反应肉品质的重要指标。在肉品质方面，绿光可以提高肌肉的单不饱和与饱和脂肪酸浓度，增加鹅肉的营养成分（表 4-4、表 4-5），改善肌肉风味。

表 4-4　不同波长单色光对扬州鹅肉品质影响

指标	白光	红光	绿光
pH	6.4567±0.1637[a]	6.3222±0.1047[a]	6.3578±0.0617[a]
肌苷酸（μg/g）	1.0888±0.1555[ab]	1.0706±0.1084[ab]	0.9354±0.1883[b]
剪切力（N）	46.78±9.08[b]	57.59±6.43[a]	58.60±5.81[a]
胸肌亮度值 L*	39.58±4.70[a]	36.528±2.793[ab]	36.457±2.272[ab]
胸肌红度值 a*	18.44±3.48[b]	21.361±1.531[a]	21.094±1.105[a]
胸肌黄度值 b*	2.356±1.501	2.210±0.800	2.228±0.963
蒸煮损失（g，以 100g 计）	12.89±4.50	16.36±4.85	15.434±2.861

表 4-5　不同波长单色光对扬州鹅胸肌化学组分影响

指标（g，以 100g 计）	白光	红光	绿光
水分	72.167±0.650	72.783±0.954	71.733±2.359
灰分	1.3000±0.0894[a]	1.1833±0.0408[b]	1.3333±0.0816[a]
蛋白	20.467±1.104	20.233±0.779	20.667±0.852
脂肪	4.583±1.021	3.967±0.737	4.050±1.188

第五节　林下养鹅及环境管理

生长育肥期鹅的饲养管理，要注意的是夏天林下比较闷热，一定要保证鹅的饮水，这是成功应用该生产模式的关键。可以在特定区域中设置 PVC 水管的饮水线，时刻保持有清洁的水源供应饮水。

一、饲养方式管理

推荐采用放牧和舍饲相结合的饲养模式。林下养鹅是充分利用鹅的草食特性，利用天然的草资源来节约出一部分人工饲料的支出，但不等于是完全的粗放散养，不能甩手不管。所以要想养好鹅，除了采食青草之外，也得科学补喂精饲料。30 d 后的仔鹅对外界环境的适应性以及抵抗力明显提高，消化能力增强，采食量增加。在傍晚鹅回栏后还要适当补饲一些能量饲料来加速育肥效果，并供给足够的饮水。补饲时注意鹅群健康情况，体质瘦弱的要补饲或单独放养，病弱鹅及时隔离治疗。

在鹅 70 日龄左右开始催肥，催肥期 20 d，催肥的过程中要限制鹅的活动或者圈养鹅，可将牧草人工刈割后加入精饲料，按照精粗比例 2∶3 搭配，喂量不限，供给充足饮水，手触胸、背部肌肉增厚时上市出售。

二、林下空间管理

林下养鹅虽然方便省事，但要注意合理放牧。林下养鹅有一定的密度，每单位面积的林地要控制载鹅量，放养过多会导致饲料不足，引起鹅的争食，导致鹅的大小不均。1 月龄鹅每亩* 可放养 100 只，成鹅每亩可放养 30～50 只。可将放牧的林地划分为 3 个区域，每区界线可用尼龙网或高大茂密的速生植物隔开。牧草生长至 30cm 高时放牧利用草地，留草高度 2～5cm，便于草的快速再生，3 个区域交替轮换放牧，能充分利用草地，也能让鹅采食优质牧草。

---

* 亩为非法定计量单位，1 亩≈667m^2。

三、病虫防疫

林下养鹅提高了鹅对疾病的抵抗力，但开放的环境也增加了鹅患传染病、寄生虫病及农药中毒的风险。减少疾病发生的重点是预防，传染病的预防重点是切断传播途径，把好引种关；禁止无关人员的出入，避免带入疫病；勤观察鹅群情况，有弱、病、死鹅时，查明原因，及时处理。防止寄生虫感染的重点在鹅粪的处理，雨天减少放牧，在寄生虫流行季节可在补饲中加入抗虫药物。树木喷洒农药后 15d 内禁止放牧以防农药中毒。防患于未然，才能确保林下养鹅的养殖效益。

第六节　肥肝填饲生产的环境管理

鹅肥肝质地细腻、风味鲜美，位列世界三大珍馐之一，含有多种维生素、微量元素和磷脂，尤其富含不饱和脂肪酸，有利于人体心血管健康，被誉为“世界食品之王”。原产法国的朗德鹅因其脖子短粗利于填饲、产肝性能高而成为主要生产鹅种。肥肝的生产主要利用刚长成的中鹅，采用集中小栏饲养，在短期内通过高强度饲喂，使鹅只大量摄入能量饲料从而快速合成脂肪，并使脂肪沉积于肝脏，从而使肝脏在 3 周内从通常的不足 100g，增长至 600g 以上。高强度填饲极易造成鹅的严重应激，也会严重影响其福利和成活率，因此填肥饲养的环境控制极其重要。

一、培育期肥肝鹅的环境管理

培育期指育雏开始至预饲前的时间段，是能否提供合格的青年填饲鹅的关键阶段，可以进一步分为育雏期（1～28 d）和生长期

(29～60 d)。

育雏期和生长期鹅的管理可以参照前文，不再赘述。但需注意的是，生长阶段需要通过给予充足的运动场或放牧空间，以增加足够的活动量促进体况发育良好，利于下阶段的封闭填饲。

二、填饲期鹅舍环境管理

填饲期间，鹅只需要转入填饲车间的高架笼子内，以减少鹅只的活动和能量消耗，减少填饲员工抓取鹅只的时间和工耗，减少鹅只伤残死亡，提高填饲效果。高架笼长×宽×高分别为 1 000 mm×1 000mm×600mm（图 4-11），每笼载鹅数以 2～3 只为宜，密度控制在 2 只/m^2以内。笼具连排分布于填饲车间，在面对填饲车通行的过道一侧，于笼子围栏上设置长×宽为 600mm×250mm 的推拉板，方便操作人员抓鹅。笼具要求平坦坚固，不能出现尖锐突出的物体，离地面高度 400mm，方便处理漏下的填鹅粪便。应于笼内给予直径 0.3～0.4cm 洁净砂砾供鹅自由采食，同时安装乳头饮水器或直饮水槽提供清洁饮水。

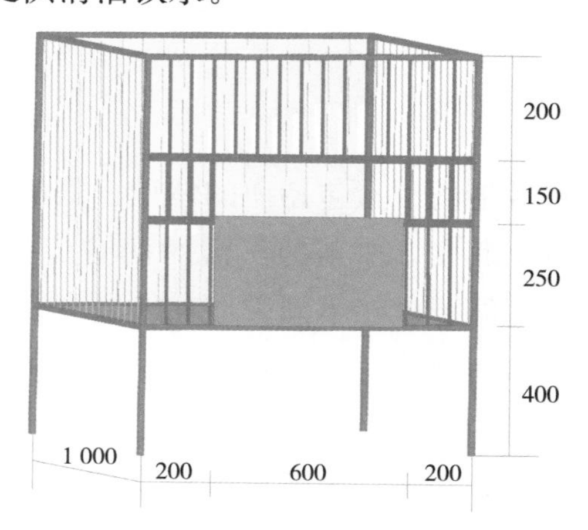

图 4-11 填鹅笼构造（mm）

注：填饲笼上设置推拉板，卡在笼子的轨道进行水平移动，方便工作人员抓鹅。

目前采用空压填饲机给鹅填饲玉米粉饲料。工作人员操纵填饲机（图 4-12）沿轨道前进，通过推拉板处的缺口抓出鹅只，将填饲管插入鹅食道膨大部，启动填饲机开关，很快即可以完成填饲。初期填饲采用每天 2 次、每次 100g 饲料，每隔 2～3d 增加填饲次数和填饲料量，到 2 周后达到每天填饲 5～6 次，每次 250g 饲料。如此，一位工作人员每天的填饲鹅数达到 300～500 只规模。

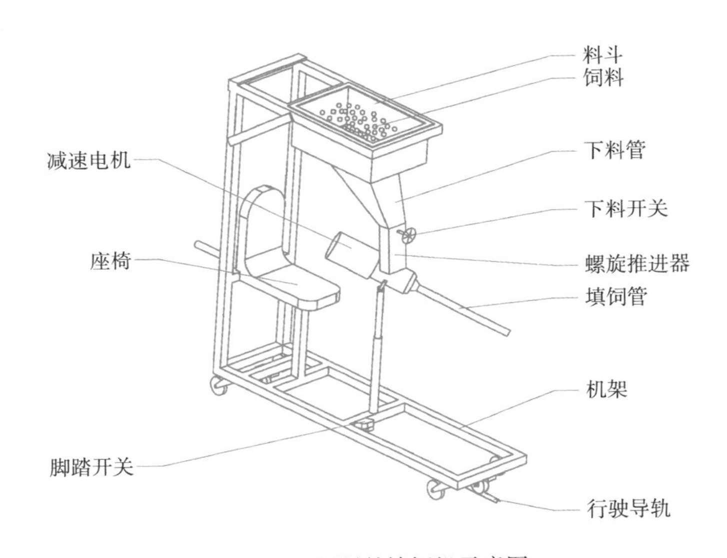

图 4-12　肥肝鹅填饲机示意图

影响肥肝生产性能的因素包括鹅的体型、重量、健康状况、性别、季节和气温等。其中，季节与气温对鹅的产肝性能影响最大，杨云周等（2016）总结了全年不同季节和气温下的鹅肝重，数据显示气温适宜的春、秋两季填饲效果最好，夏季高温时填饲效果最差。这是因为填饲时鹅摄入大量饲料，产生大量的代谢体增热，在夏季高温时容易造成热应激，降低填饲摄食量，延长填饲时间，降低肝重和饲料转化效率。生产中即使采用负压通风、湿帘降温的填饲车间，夏季温度仍然高达 28～30℃，鹅在填饲 30～32d 后肝重仅为 600～700g，且耗料量为 22～23 kg。相反，适宜季节仅需填饲 27～28 d，耗料 17～18 kg，就可以生产出 800～900g 重的肥肝。因此，最佳的填饲期舍内温度应控制在 13.6～25.2℃，最适温度为 20.5℃；相对湿度为 60%～75%。

第五章
鹅饲养环境管理案例

第一节　种鹅反季节生产环境控制案例

一、狮头鹅反季节繁殖技术应用

1. 基本情况　狮头鹅主产于广东潮汕地区，属于南方短日照繁殖鹅种。在自然光照下，从秋季9月开产，到次年4月结束。在反季节生产过程中，从上年11月开始对狮头鹅执行光照程序。先采用延长光照至每天18 h，使种鹅停产和换羽；经过60～75d之后，于次年1月份将光照缩短至每天11 h，经过2个月左右，鹅即可以于春季3月开产；将光照继续维持在每天11 h，狮头鹅即可以持续在春季和夏季实现反季节繁殖生产，并且持续至秋季。此后可以开始新一轮光照处理，为下一年度的反季节繁殖生产做准备。

广东省清新县金羽丰鹅业有限公司是一家从事优质鹅的种苗繁育、养殖、疫病防治、兽药连锁经营为一体的产业化重点农业龙头企业。公司于2008年开始将鹅生产的环境控制技术、反季节繁殖技术等新理念应用于狮头鹅的反季节繁殖生产。

2. 环境控制　为保证实施效果，公司分别从鹅场与鹅舍设计、载鹅量控制、水体污染防治等方面进行了环境管理。第一，通过良好的规划设计，将鹅场建设在山涧溪流处，实现对载鹅池塘定期更换清洁水源的要求（图 5-1）；第二，每个控光和机械通风的种鹅舍按承载 1 000 只种鹅的容量，配以附设凉棚和栽树遮阴的运动场、水面充足供鹅活动的鱼塘（图 5-2）；第三，由于狮头鹅体型大、采食量多，经由粪便排放到水面的有害菌和细菌内毒素也相应增加，通过向鹅饲料中添加芽孢杆菌等益生菌抑制肠道有害菌的增殖，并向水体中投放吸收氮磷等营养物质的光合细菌抑制有害菌的增殖，从而最大限度地抑制水体中有害菌的数量，保证水体质量。

3. 实施效果 在人工光照调控下，2 年龄狮头鹅全年产蛋数可以达到 36 枚、受精率可以达到 85%～90%，每只种鹅平均可以产生约 1 000 元的总销售收益；3 年龄种鹅产蛋数达到 33 枚左右、受精率 65%～75%，每只种鹅平均可产生约 600 元的销售收益；扣除反季节生产过程中鹅舍及运动场建造、水体污染控制、员工工资等成本，2 年龄鹅平均利润 600 元/只、3 年龄鹅 200 元/只，高于自然生产的经济效益（表 5-1）。2017—2018 年，公司夏季反季节生产的狮头鹅鹅苗平均售价达到 56 元/只，饲养 8 000 只母鹅获得年净利润达到 406 万元。

图 5-1　广东金羽丰鹅业有限公司鹅场建设布局现状（鹅场因势而建，鹅舍建在最高处，往下分别建设运动场、洗浴池塘；运动场斜坡直接通向水面，便于鹅只活动。）

图 5-2　鹅舍运动场及洗浴池塘建设现状（运动建有遮阳棚、运动场及洗浴池，周边栽树、种草为鹅只提供阴凉）

表 5-1　狮头鹅母鹅在自然繁殖和反季节繁殖中各生产性能和经济效益

生产和经济各性能项目	自然繁殖	反季节繁殖	
	混合年龄鹅	2 年龄鹅	3 年龄鹅
每只母鹅年产蛋总数（枚）	29	36	33
种蛋受精率（%）	60～70	85～90	65～75
受精蛋孵化率（%）	80～85	80～85	80～85
每只母鹅年出雏数（只）	16～18	25～28	20～22
每只母鹅年销售雏鹅收入（元）	400～450	950～1 050	580～650
每只母鹅饲养年成本（元）	350～380	380～420	380～420
每只母鹅总利润（元/只）	50～100	580～650	200～260

二、扬州鹅反季节繁殖技术应用

1. 基本情况　扬州鹅种属于中部地区的长日照繁殖鹅种，自秋季开产，于次年 2—3 月达到产蛋高峰，随后在 5 月左右停产，自然情况下 6—10 月进入非繁殖期。扬州鹅的反季节繁殖采用三阶段人工光照程序处理，在冬季（1 月中旬）将光照延长至每天 18 h 共 30 d 左右时间，然后在 2 月下旬将每天光照缩短至每天 8 h 共 6 d 左右时间，接下来在 4 月下旬将每天光照延长至每天 11 h 并延续下去，即可以使鹅在 5 月开产，于 6 月到产蛋高峰，并在整个夏秋季都维持很好的产蛋性能和种蛋受精率。到了12月或1月，再次将光照延长到每天18 h，重新启动新一轮光照程序，再次诱导种鹅进入“非繁殖季节”，从而实施下一轮的反季节生产。

江苏省常州市武进区横林镇的阳湖鹅业专业合作社主要从事种鹅、种蛋、鹅苗、商品鹅、有机肥等产品的生产与加工。公司于2012年开始从事鹅反季节繁殖生产，改造了近6.67hm^{2}低洼荒地，养殖15 000只扬州鹅种鹅。

2. 环境控制 鹅场应用环境控制理念，科学规划了鹅舍布局，使鹅舍之间距离维持在40m，以降低舍间不良气体、噪声和病原的污染风险；鹅舍的长度控制在50～60m，以避免通风下游的空气过度污浊造成疫病风险（图5-3）；鹅舍采用纵向负压通风，一侧为湿帘，另一侧为4台风机（图5-4），配备反季节生产的所需光照设备（图2-22左图）。鹅舍外运动场上设置水面面积30m^2、深30cm的小水池，每天更换清水，利于鹅只梳洗羽毛和交配，提高福利健康和繁殖性能；水池的废水则通过地下管道集中至100m外的污水处理池远离鹅群。鹅舍采用负压通风、湿帘降温设备，结合运动场上种植树木，以降低夏季反季节繁殖生产时的热应激。

同时，为更好地进行舍内环境控制，鹅场配备了一整套专门化的智能环境监控系统（图5-5），通过GPRS模块无线传输舍内环境参数，利用GSM功能通过移动终端远程控制风机、照明、水泵等设备，能够精准控制舍内温湿度、光照程序。当夏季舍外温度高达40℃时，舍内温度相对稳定在设定的30℃的温度水平，光控精

图5-3　阳湖鹅业鹅舍布局

度高，有效地保证了种鹅全季节繁殖生产和商品肉鹅全舍内饲养的环境要求。

图 5-4　阳湖鹅业鹅舍两侧分别安装湿帘和风机（左图箭头处为湿帘，右图箭头处为风机）

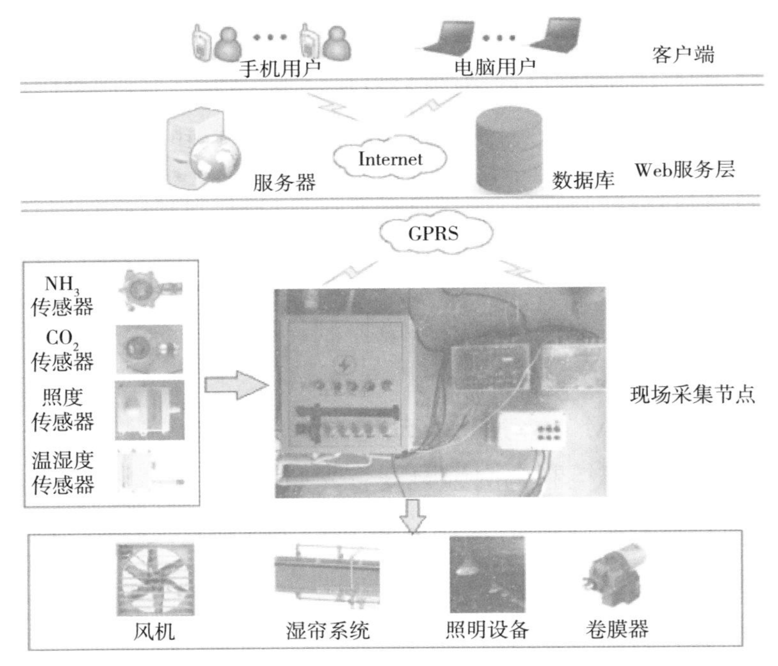

图 5-5　阳湖鹅业鹅舍内智能化环境监控系统工作图

3. 实施效果　扬州鹅进行反季节繁殖生产时，恰逢夏季高温炎热天气，在生产管理中设施配套要求高、饲料中需要额外添加抗热应激添加剂缓解热应激，投入成本显著高于自然繁殖生产。但是所产雏鹅售价高，种鹅反季节生产的利润高达 230 元/只（表 5-2），反季节肉鹅利润率达到 23 元/只。

表 5-2　扬州鹅在自然繁殖和反季节繁殖下的生产性能和经济效益

项目		总产蛋数（枚）	受精率（%）	孵化率（%）	母鹅产雏鹅数（只）	饲养成本（元）	净利润（元）
自然繁殖	3 月留雏	56.1	84.0	83.5	39.3	180～200	13.7～33.7
	1 月留雏	65.0	80.0	83.0	43.2	210～230	80.5～100.5
反季节繁殖	9 月留雏	56.2	86.6	85.0	41.4	350～380	200.2～230.2

第二节　应用大角度翻蛋孵化机提高鹅种蛋孵化效果案例

为克服鹅种蛋孵化性能低的问题，满足鹅种蛋胚胎特殊的发育需求，常州市阳湖鹅业、广东省台山市都斛镇李树国鹅场、广东省清远石兴公司种鹅场均应用了一种大角度翻蛋孵化机，显著提高了种蛋的孵化效果。

1. 大角度翻蛋孵化机及其功能　大角度翻蛋孵化机蛋架由 4 片八角形铁架通过 6 条连杆连接在一条中轴上，中轴两端通过轴承固定在孵化机箱两侧的铁制站腿上，使整体蛋架可以向内或向外 75°翻动，将翻蛋角度从传统的 90°加大至 170°左右（图 5-6）。八角形铁架外圈由 20mm×20mm 铁质方管焊接形成八角形状外框，在外框上预留 6 个 8mm 对穿孔，组装时用不锈钢螺丝分别与 6 条连接杆固定。在八角形铁架的同一个面上，每隔 140mm 焊上一条角铁，角铁要求表面光滑无颗粒或无铁刺，选用厚 2mm、宽 45mm 光面冷轧钢板折弯成 25mm 角铁，两头分别冲压一个 14mm 高、垂直角铁托柜面的挡板铁。挡铁的作用是在蛋架翻动过程中拖住塑料蛋盘，避免滑落。将 4 片八角形铁架由 6 条连杆连接固定成一个整体后，铁架上的角铁托轨面双双对立形成三排 540mm 宽的蛋托盘架轨道，方便装满蛋的塑料蛋盘一个个插入其中，两边的挡板又可以防止蛋盘前后的脱落。在焊接好蛋架后需要整体热镀锌处理，表面镀锌层 70 μm。蛋盘使用环保抗老化 PP 型塑料注塑一次成型，外形长宽高约为 535mm×535mm×55mm，内有 64 个装蛋格，每个蛋格两侧分别有 2 个挡齿，挡齿高 36mm，2 个挡齿形成 U 形，在翻蛋过程中，U 形挡齿在托住蛋中上部位的同时还会增大蛋的倾斜角度（图 5-7）。

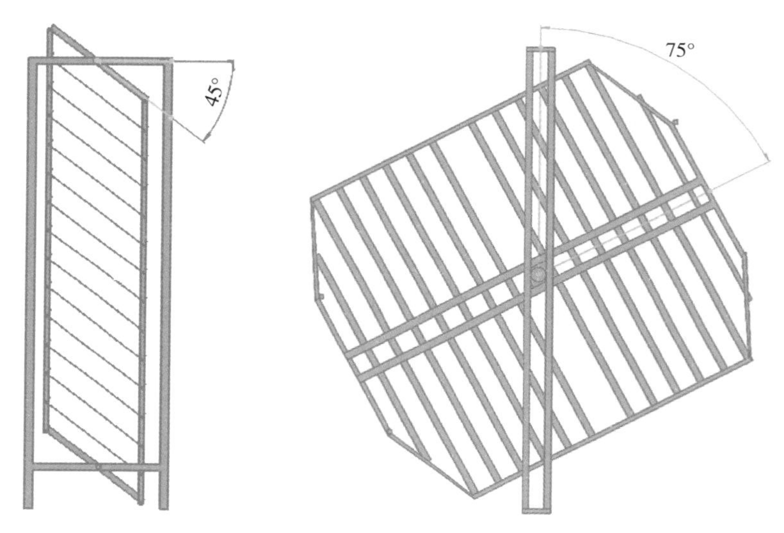

图 5-6　传统孵化机与大角度翻蛋孵化机翻蛋角度的对比

注：左图为传统孵化机的翻蛋角度，右图为大角度翻蛋孵化机的翻蛋角度。

图 5-7　佛山市任氏机械科技有限公司研发的蛋车可移动式大角度翻蛋孵化机实物（左图分别展示了不同的翻蛋角度）

大角度翻蛋孵化机还附加了温湿度及凉蛋控制等技术，具备自动喷水、自动凉蛋等功能，有利于胚蛋更好地通风换气；孵化机可以在关键时间点或鹅胚发育不同阶段，设定好温湿度阈值，实现变温变湿孵化。应用这种大角度翻蛋孵化机，只需要在照蛋、孵化末期落盘时，将蛋盘或种蛋移出孵化机，其余时间都可以在孵化机内自动完成，提高了孵化性能和工作效率，降低了人工成本。

2. 孵化管理 孵化过程执行变温程序，具体详见表 5-3。孵化过程中分别在第 7、第 18 和第 29 天进行 3 次照蛋。第 7 天照蛋主要观察心脏和血管发育情况，区分出死胚蛋和活胚蛋；第 18 天照蛋，根据种蛋尿囊膜血管合拢和胚胎发育情况，剔除死亡胚胎；第 29 天照蛋可见雏鹅活动影子，剔除死胚。落盘后使用出雏机统一出壳或者摊床加人工辅助出壳均可。

3. 孵化效果 阳湖鹅业应用大角度翻蛋孵化机显著提高了扬州鹅种蛋的孵化率和受精蛋孵化率；李树国鹅场应用大角度翻蛋孵化机提高了马岗鹅、狮头鹅的孵化率和受精蛋孵化率，显著降低了弱雏率（表 5-4），进而显著提高了经济效益。

表 5-3 鹅蛋孵化程序

孵化阶段（d）	孵化温度（℃）	相对湿度（%）
1～5	38	65
6～15	37.7	60
16～22	37.5	62
23～27	37.2	65
28～30	37.0	70

表 5-4 扬州鹅、狮头鹅、马岗鹅应用不同孵化机的孵化性能

鹅 种	孵化方式	受精率（%）	孵化率（%）	受精蛋孵化率（%）	弱雏率（%）
阳湖扬州鹅	大角度	94.37	86.42	91.58	—
	常规	92.21	82.87	89.87	—

（续）

鹅　种	孵化方式	受精率（%）	孵化率（%）	受精蛋孵化率（%）	弱雏率（%）
李树国马岗鹅	大角度	76.22	61.72	80.97	1.14
	常规	75.49	55.61	73.63	3.22
李树国狮头鹅	大角度	78.82	66.41	84.15	0.83
	常规	79.14	64.60	81.67	2.37

第三节　高床架养在养鹅生产中的应用

一、简易大棚式高床架养种鹅舍应用

（一）安徽天之骄鹅业实施案例

1. 基本情况　安徽天之骄鹅业有限公司成立于安徽省滁州市全椒县马厂镇，主要从事肉鹅的饲养、种鹅繁育及肉鹅、鹅种蛋和鹅苗的销售。公司饲养了扬州鹅、泰州鹅、浙东白鹅、皖西白鹅、霍尔多巴吉等多个品种。

2. 环境控制　采用钢管建造大棚框架，大棚规格为脊高 5m、檐高 2.7m、跨度 12m、长度 50m；框架上覆盖双层岩棉隔热保温层，在纵向两头分别安装风机或降温湿帘，大棚南北两侧安装升降卷帘以隔离阳光及为棚内通风换气；舍内安装灯具提供人工光照（图 5-8）。

3. 环境控制效果　因为使用高架漏粪地板，棚舍内部地面不需固化，以此规避土地固化问题和降低鹅舍建造成本。高架漏粪地板不仅成功使鹅与粪便隔离，提高卫生条件，还通过将粪便积聚于地板下直至种鹅淘汰后一次性清运，大大减少了清粪工作和人工成本。此类大棚式高床架养种鹅舍也能够良好控制舍内环境，使种鹅表现出正常的繁殖产蛋性能。

图 5-8 简易大棚式高架床养鹅舍

注：右图显示舍内安照了人工光照系统及导流膜，鹅舍纵向两侧分别安装了湿帘和风机；左图中箭头处卷帘升起可采光和通风换气，右图中箭头处卷帘下降可以避光、保温。

（二）江苏泰州海陵区金鹏鹅业实施案例

1. 基本情况 泰州市金鹏鹅业养殖专业合作社（当地俗称“陈林养鹅场”）位于泰州市海陵区苏陈镇东石羊社区，该合作社多年来注重鹅的品牌培育、品质提升、产品开发专业，专业从事种鹅育种和鹅苗销售，2020 年“陈林鹅”荣获“泰州大白鹅”地理标志产品称号。

2. 环境控制

（1）鹅场改造 建造了低成本简易大棚鹅舍，采用高架漏粪地板规避了土地固化问题、降低了鹅舍建造成本和清粪的人工成本（图 5-9）。种鹅场保留了舍外运动场，在运动场上种植树木遮阴防

图 5-9 大棚式高架网床（左图箭头处为从鹅舍外部观察到的网床，右图展示了鹅只在网床上活动）

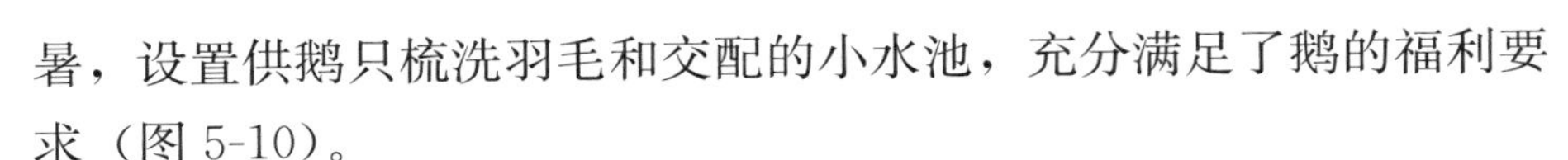

暑，设置供鹅只梳洗羽毛和交配的小水池，充分满足了鹅的福利要求（图 5-10）。

图 5-10 鹅场布局鸟瞰图

注：鹅舍周边布满鱼塘和沟渠，鹅场附近种植水稻和牧草，有效地构成了农牧循环和牧鱼循环，降低污染排放。

（2）粪污处理 鹅场地处苏北里下河水网地区，场内建设充足的沟渠循环处理和利用鹅场废水。养殖基地采用网床节水养殖的模式，减少了污水排放量。在非繁殖季节，提供饮用水，半个月放养一次；在繁殖季节，提供洗浴、配种水上运动场；水上运动场内产生的污水，先进行沉淀，再放入养殖场内部的鱼塘，鱼塘养殖水的一部分用于牧草和水稻种植（图 5-11）。

养殖过程中舍内产生的粪便通过网床掉入地面，鹅棚舍的四面墙体可以从下面卷起，便于通风，有利于粪便干燥；舍内粪便在一批鹅生产结束后集中处理，舍外运动场的粪便每天清理，粪便收集到堆粪场后进行发酵生产有机肥。

（3）生产技术应用 应用种鹅反季节技术，实现鹅苗四季供应。

3. 环境控制效果 金鹏鹅业实现了一年四季均有鹅苗出售，其中 80%为反季节生产。目前，泰州市内固定在陈林这里采购鹅

图 5-11　鹅舍洗浴池及污水处理

注：箭头①处为洗浴池兼污水沉淀池，污水沉淀后由箭头②处排入池塘供鱼类净化。

苗的养殖户就有 300 多户。通过与养殖户签订协议，以高价回购优质产品，选留一部分作为后备种鹅，形成了良性发展的“陈林鹅”养殖孵化模式。目前金鹏鹅业鹅场规模达到了 100 000m²、鹅棚 11 栋，存栏种鹅 2.4 万只，年销售鹅苗 200 万只，产值达 2 000 多万元。

二、广东槽肥鹅的高床架养

1. 基本情况　槽（育）肥鹅是广东制作美味烧鹅的必需步骤或特殊的养鹅工艺。广东烧鹅（类似于北方的烤鹅）必须在生长后期经过特定的育肥，才能具备较充足的皮下脂肪，使之在烧烤之后带有特殊的香气和良好的风味，槽肥工艺相应而生。要使鹅在短期内达到育肥效果，其做法是将鹅养殖在小栏内，限制其运动消耗，同时饲以大量能量饲料如稻谷，以使所摄入的能量能够迅速转化为脂肪沉积于皮下。

2. 环境控制　由于生长后期的鹅采食量较大，其粪便排泄也

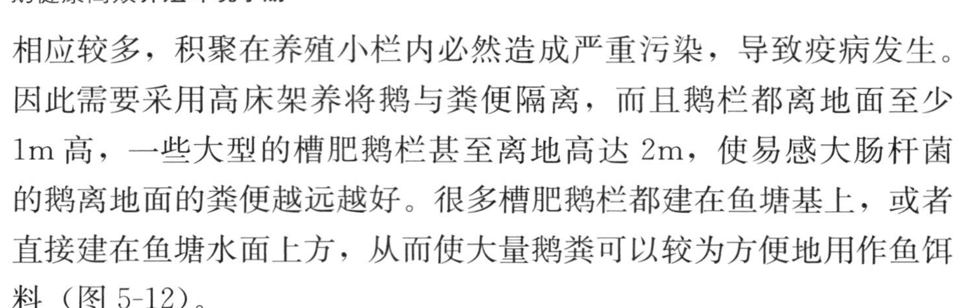

相应较多，积聚在养殖小栏内必然造成严重污染，导致疫病发生。因此需要采用高床架养将鹅与粪便隔离，而且鹅栏都离地面至少1m高，一些大型的槽肥鹅栏甚至离地高达2m，使易感大肠杆菌的鹅离地面的粪便越远越好。很多槽肥鹅栏都建在鱼塘基上，或者直接建在鱼塘水面上方，从而使大量鹅粪可以较为方便地用作鱼饵料（图5-12）。

通常的槽肥鹅栏，以单列式或双列式排列，每列制作成10～15m²的小栏，其中饲养20～30只50～80日龄的生长育肥鹅。鹅栏上方2m高处建一简易的油毛毡棚顶，四周镂空或用黑色塑料编织网遮阳。鹅栏的地面由坚韧的细竹条铺设，竹条间距在1cm左右，以利鹅粪便漏出。料槽和饮水槽一般设在鹅栏外的走道上，鹅只通过围栏上的空隙进行采食饮水。

图5-12　广东省高出地面达2m的槽肥鹅栏（左）及建在鱼塘水面上的槽肥鹅棚（右）
注：槽肥鹅栏走道上分布有料槽和饮水槽。

三、高床架养与发酵床的结合

为解决养鹅粪便的处理问题，还可以在网床下铺设发酵垫料。垫料基质由锯末、谷壳、菌糠、秸秆粉、花生壳、油菜壳等组成，接种发酵菌进行发酵；定期翻动发酵床，将粪污翻藏（图5-13）。发酵床基质中的干物质可以吸收鹅粪便中的水分，方便清运；通过益生菌的发酵可以抑制有害菌的生长，减少鹅舍内恶臭气体浓度，提高舍内空气质量。

图 5-13　网床下铺设发酵床垫料

注：鹅舍内地面分为多道发酵翻耙工作面，右图中翻耙机可通过人工推动至所需要的工作通道面（丹阳华晔生态农庄）。

主要参考文献

曹静，陈耀星，王子旭，等，2007. 单色光对肉鸡生长发育的影响[J]. 中国农业科学，40（10）：2350-2354.

陈国宏，王继文，何大乾，等，2013. 中国养鹅学[M]. 北京：中国农业出版社.

戴子淳，邵西兵，应诗家，等，2015. 两种通风降温方式对鹅舍空气环境和反季节繁殖种蛋受精率的影响[J]. 中国家禽（37）：50-53.

戴子淳，姚家君，任玉成，等，2017. 大角度翻蛋孵化机的研制及其在鹅种蛋孵化中的应用[J]. 中国家禽（6）：63-66.

杜连发，宋明则，冯宇飞，等，2008. 朗德鹅孵化技术要点[J]. 中国禽业导刊（6）：36.

段杰，2016. 畜禽高效养殖模式——网床养殖[J]. 农村新技术（4）：4-7.

郭彬彬，邵西兵，应诗家，等，2020. 全季节生产种鹅舍的建造设计[J]. 中国家禽，42（8）：115-120.

郭彬彬，朱欢喜，施振旦，2020. 鹅的季节性繁殖及其调控机制与技术的研究进展[J]. 黑龙江动物繁殖，28（1）：42-46.

邵西兵，雷明明，陈效鹏，等，2020. 影响鹅反季节繁殖孵化性能的相关因素分析[J]. 中国家禽，36（15）：52-54.

施振旦，何丹林，梁少东，2014. 粤黄鸡种蛋孵化前贮存对孵化率的影响[J]. 养禽与禽病防治，1：10-11.

王洪波，隋玉健，2013. 鹅种蛋孵化过程中的关键技术[J]. 吉林畜牧兽医，2：39-40.

许英民，2013. 鹅种蛋保存不当及孵化技术差引起的胚胎病[J]. 水禽世界，2：25-27.

姚家君，郭彬彬，丁为民，等，2017. 基于鹅舍气流场CFD模拟的通风系统结构优化与验证[J]. 农业工程学报，33（3）：214-220.

于敏，2013. 种蛋保存于孵化过程的温度调节[J]. 吉林畜牧兽医，3：43-44.

张明利，2014. 夜间补光的LED光色及优质光色配比对“梅黄”肉鸡生产性能的影响［D］. 杭州：浙江大学.

郑冠富，许振忠，雷鹏魁，2001. 密闭式环控种鹅舍之设计规划[J]. 农业机械学刊，10（4）：99-116.

Angélica Signor Mendes，Sandro José Paixão，Restelatto R，et al.，2012. Performance and preference of broiler chickens under different light sources [C] // IX International Livestock Environment Symposium（ILES IX）.

Channing C E，Hughes B O，Walker A W，2001. Spatial distribution and behaviour of laying hens housed in an alternative system [J]. Applied Animal Behaviour Science，72：335-345.

Cornetto T L，Estevez I，2001. Influence of vertical panels on use of space by domestic fowl [J]. Applied Animal Behaviour Science，71：141-153.

Esmay M L，Dixon J E，1986. Environment control for agriculture buildings [M]. Westport，Conn（USA）：The AVI Publishing Company，Inc.：28-44.

Gorman M R，Zucker I，1995. Seasonal adaptations of Siberian hamsters. II. Pattern of change in day length controls annual testicular and body weight rhythms [J]. Biology of Reproduction，53（1）：116-125.

Halevy O，Piestun Y，Rozenboim I，et al.，2006. In ovo exposure to monochromatic green light promotes skeletal muscle cell proliferation and affects myofiber growth in posthatch chicks [J]. AJP Regulatory Integrative and Comparative Physiology，290（4）：1062-1070.

Hassan M R，Sultana S，Ryu K S，2016. Effect of various monochromatic LED light colors on performance，blood properties，bone mineral density，and meat fatty acid composition of ducks [J]. The Journal of Poultry Science，54（1）：66-72.

Huang Y M，Shi Z D，Liu Z，et al.，2008. Endocrine regulations of reproductive seasonality，follicular development and incubation in Magang geese [J]. Animal Reproduction Science，104：344-358.

Ke Y Y，Liu W J，Wang Z X，et al.，2011. Effects of monochromatic light on quality properties and antioxidation of meat in broilers [J]. Poultry Science，90（11）：2632-2637.

Kim M J，Parvin R，Mushtaq M M H，et al.，2013. Growth performance and hematological traits of broiler chickens reared under assorted monochromatic light sources [J]. Poultry Science，92（6）：1461-1466.

Rozenboim I，Biran I，Chaiseha Y，et al.，2004. The effect of a green and blue monochromatic light combination on broiler growth and development [J]. Poultry

Science, 83 (5): 842-845.

Shi Z D, Huang Y M, Liu Z, et al., 2007. Seasonal and photoperiodic regulation of secretion of hormones associated with reproduction in Magang goose ganders [J]. Domestic Animal Endocrinology, 32 (3): 190-200.

Shi Z D, Tian Y B, Wu W, et al., 2008. Controlling reproductive seasonality in the geese: a review [J]. Worlds Poultry Science Journal, 64 (3): 343-355.

WabeckC J, Skoglund W C, 1974. Influence of radiatn energy from fluorescent light sources on growth, mortality, and feed conversion of broliers [J]. Poultry Science, 53 (6): 2055-2059.

Yin L Y, Wang Z Y, Yang H M, 2017a. Effects of stocking density on growth performance, feather growth, intestinal development, and serum parameters of geese [J]. Poultry Science, 96: 3163-3168.

Zhu H, Shao X, Chen Z, et al., 2017. Induction of out-of-season egg laying by artificial photoperiod in Yangzhou geese and the associated endocrine and molecular regulation mechanisms [J]. Animal Reproduction Science, 180: 127-136.

图书在版编目（CIP）数据

鹅健康高效养殖环境手册/施振旦主编．—北京：中国农业出版社，2021.6

（畜禽健康高效养殖环境手册）

ISBN 978-7-109-28584-2

Ⅰ.①鹅…　Ⅱ.①施…　Ⅲ.①鹅—饲养管理—手册
Ⅳ.①S835.4-62

中国版本图书馆 CIP 数据核字（2021）第 149507 号

中国农业出版社出版

地址：北京市朝阳区麦子店街 18 号楼

邮编：100125

策划编辑：王森鹤　周晓艳

责任编辑：张艳晶

数字编辑：李沂航

版式设计：杜　然　　责任校对：刘丽香

印刷：北京通州皇家印刷厂

版次：2021 年 6 月第 1 版

印次：2021 年 6 月北京第 1 次印刷

发行：新华书店北京发行所

开本：700mm×1000mm　1/16

印张：8.75

字数：140 千字

定价：45.00 元
